# TRAITÉ
# *DU SOUFRE,*

OU

REMARQUES SUR LA DISPUTE
Qui s'eſt élevée entre les Chymiſtes, au ſujet du Soufre, tant commun, combuſtible ou volatil, que fixe, &c.

*Traduit de l'Allemand de* STAHL.

A PARIS,
CHEZ PIERRE-FRANÇOIS DIDOT, LE JEUNE, Quai des Auguſtins, à Saint-Auguſtin.

M. DCC. LXVI.

*Avec Approbation, & Privilege du Roi.*

# AVERTISSEMENT
## *DU TRADUCTEUR.*

Le nom de M. Stahl eſt trop connu des Chymiſtes, & la réputation de ſes Ouvrages eſt trop ſolidement établie, pour que nous ne nous croyons pas diſpenſés d'en faire l'éloge à la tête de cette traduction. Le Traité du Soufre que nous publions aujourd'hui eſt un de ces morceaux qui a reçu l'accueil le plus favorable de la part des Chymiſtes qui ont été à portée d'en juger, c'eſt celui où il a le mieux développé ſa doctrine ſur le principe inflammable; & on ſçait quelle lumiere cette doctrine a répandue ſur la théorie Chymique. Avant Stahl, les Chymiſtes, & ſur-tout les diſciples de Paracelſe, admettoient un principe de cette eſpece, auquel ils donnoient le nom de *principe sulfureux* ou de *soufre*, mais l'idée qu'ils s'en faisoient étoit si peu exacte, qu'on a eu raison de dire qu'ils donnoient ce nom à tout ce qu'ils ne connoissoient pas. Beccher avoit démontré, il est vrai, que le principe sulfureux n'étoit pas, comme Paracelse & ses disciples paroissoient l'avoir cru, un être composé tel que le soufre grossier que nous trouvons dans les entrailles de la terre, avec lequel ils le confondoient le plus souvent, qu'il étoit un être simple, de nature terreuse, ou propre à entrer dans les combinaisons séches; mais c'est M. Stahl qui nous a fait connoître les différens états où ce principe se trouvoit dans les trois regnes de la nature, son passage de chacun de ces regnes dans les autres; c'est lui qui nous a démontré qu'il étoit le principe des couleurs & des odeurs, qu'il donnoit aux métaux leur malléabilité, enfin qu'il étoit l'être colorant, le soufre fixe, &c. des anciens Chymistes. Il ne faut pas croire que ces connoissances soient des vérités stériles propres seulement à satisfaire une vaine curiosité, elles ont leur application aux travaux de la métallurgie qui leur doivent la perfection où on les a portés depuis quelques tems.

Nous avons cru que les Chymistes françois nous sçauroient quelque gré de les avoir mis à portée de profiter des nombreuses découvertes, & des vues lumineuses dont ce traité est rempli. Quoique nous nous soyons attaché à rendre scrupuleusement les idées de notre Auteur, nous n'avons pas cru devoir nous astreindre à une verſion purement littérale qui n'auroit pas été ſupportable en françois. Ceux qui ont quelque connoiſſance des Ouvrages de M. Stahl, ſçavent que ſa maniere d'écrire eſt preſque toujours obſcure & embarraſſée, & qu'il lui arrive ſouvent de manquer de préciſion : nous avons tâché de rendre notre traduction auſſi claire qu'il a été poſſible, & nous avons cru qu'on nous pardonneroit de retrancher une infinité de digreſſions & de choſes étrangeres au ſujet, qui n'auroient ſervi qu'à fatiguer inutilement le Lecteur, ſans l'éclairer. Le Traité des Sels, dont nous venons d'achever la traduction, ſuivra de près celui-ci ; les connoiſſeurs ne le jugeront ni moins curieux, ni moins intéreſſant que celui que nous publions maintenant.

APPROBATION.

## APPROBATION.

J'Ai lû, par ordre de Monseigneur le Vice-Chancelier, un Ouvrage qui a pour titre *Traité du Soufre* : je n'y ai rien trouvé qui puisse en empêcher l'impression, à Paris ce 4 Janvier 1766.

POUSSE.

## PRIVILEGE DU ROI.

LOUIS, par la grace de Dieu, Roi de France & de Navarre : A nos amés & féaux Conseillers, les Gens tenans nos Cours de Parlement, Maîtres des Requêtes ordinaires de notre Hôtel, Grand-Conseil, Prevôt de Paris, Baillifs, Sénéchaux, leurs Lieutenans Civils, & autres nos Justiciers qu'il appartiendra ; Salut. Notre amé le Sieur DIDOT, Libraire, Nous a fait exposer qu'il désireroit faire réimprimer & donner au Public un Ouvrage qui a pour titre : *Traité du Soufre, ou Remarques sur la dispute qui s'est élevée entre les Chymistes au sujet du soufre tant commun, combustible ou volatil, que fixe, &c.* s'il Nous plaisoit lui accorder nos Lettres de Permission pour ce nécessaires. A ces causes, voulant favorablement traiter l'Exposant, Nous lui avons permis & permettons par ces Présentes de faire réimprimer ledit Ouvrage tant de fois que bon lui semblera, & de le vendre, faire vendre & débiter par tout notre Royaume pendant le tems de trois années consécutives, à compter du jour de la date des Présentes. Faisons défenses à tous Imprimeurs, Libraires, & autres personnes de quelque qualité & condition qu'elles soient, d'en introduire d'impression étrangere dans aucun lieu de notre obéissance : A la charge que ces Présentes seront enregistrées tout au long sur le registre de la Communauté des Libraires & Imprimeurs de Paris, dans trois mois de la date d'icelles ; que l'impression dudit Ouvrage sera faite dans notre Royaume, & non ailleurs, en bon papier & beaux caractères, conformément à la feuille imprimée, attachée pour modèle sous le contre-scel des Présentes ; que l'Impétrant se conformera en tout aux Réglemens de la Librairie, & notamment à celui du 10 Avril 1725 ; qu'avant de l'exposer en vente, le manuscrit qui aura servi de copie à l'impression dudit Ouvrage, sera remis dans le même état où l'approbation y aura été donnée, ès mains de notre très-cher & féal Chevalier-Chancelier de France le Sieur de Lamoignon ; & qu'il en sera ensuite remis deux exemplaires dans notre Bibliotheque publique, un dans celle de notre Château du Louvre, un dans celle dudit Sieur de Lamoignon, & un dans celle de notre très-cher & féal Chevalier Vice-Chancelier & Garde-des-Sceaux de France le Sieur de Maupeou ; le tout à peine de nullité des Présentes : Du contenu desquelles vous mandons & enjoignons de faire jouir ledit Exposant & ses ayant causes pleinement & paisiblement, sans souffrir qu'il leur soit fait aucun trouble ou empêchement. Voulons qu'à la copie des Présentes, qui sera imprimée tout au long au commencement ou à la fin dudit Ouvrage, foi soit ajoutée comme à l'original. Commandons au premier notre Huissier ou Sergent sur ce requis, de faire pour l'exécution d'icelles tous actes requis & nécessaires sans demander autre permission, & nonobstant clameur de haro, charte-normande & lettres à ce contraires : car tel est notre plaisir. Donné à Paris le vingt-sixieme jour du mois de Février, l'an de grace mil sept soixante-six, & de notre Regne le cinquante-unieme. Par le Roi en son Conseil. *Signé*, LEBEGUE.

*Registré sur le Registre XVI de la Chambre Royale & Syndicale des Libraires & Imprimeurs de Paris, n°. 523, fol. 443, conformément aux Réglemens de 1723. A Paris, ce 7 Mars 1766, LE BRETON, Syndic.*

TRAITÉ

# TRAITÉ DU SOUFRE.

IL n'est pas douteux que les Modernes n'aient porté les connoissances physiques beaucoup plus loin que les Anciens; le soin avec lequel on s'est livré à cette étude, a produit de très-grands avantages & un grand nombre de commodités & d'agrémens pour la société; rien n'étoit d'ailleurs plus propre à piquer la curiosité, & à tirer l'esprit de la paresse & de la nonchalance. Il ne faut pourtant pas confondre une curiosité stérile & infructueuse, avec un désir sincére de s'instruire, disposition si utile & si propre à exercer l'esprit. La curiosité seule se contente de trouver un amusement passager; elle ne s'arrête qu'à l'écorce des choses, elle n'approfondit rien, elle est incapable de se former un plan, & elle n'est susceptible ni de la patience, ni de l'éxactitude qu'il faut pour l'exécuter. Il n'en est pas ainsi de l'envie sincére de s'instruire ; peu satisfaite des connoissances superficielles, elle exige des méditations profondes, de longues recherches, des expériences pénibles, & elle est soutenue dans ses travaux par le désir d'être utile, & d'appliquer ses découvertes au bien de l'humanité. Ceux qui sont animés de cette passion, poussent l'exactitude jusqu'au scrupule ; ils ne veulent rien mettre au jour qu'après s'en être assurés par eux-mêmes. Rien n'est plus louable que cette disposition, elle seule peut fournir les moyens de connoître les corps de la nature, & leurs différentes combinaisons ; mais pour y parvenir il faut qu'elle soit aidée de la Chymie, c'est-à-dire, de l'art de décomposer les corps, qui seul peut mettre en état de juger sainement de leur nature.

La curiosité frivole dont nous avons parlé, a lieu dans la Chymie comme dans toutes les autres sciences ; en effet on s'apperçoit aisément que depuis environ deux cents ans, que la Chymie a été mise en vogue sur-tout en Allemagne, par Philippe de Hohenheim, connu sous le nom de Paracelse, elle s'est plûtôt occupée de vaines spéculations, de phénomènes singuliers, & d'objets de simple curiosité, que de découvertes utiles. Ce fut alors qu'on put voir clairement ce que l'on devoit se promettre des recherches qui n'ont pour objet que la seule curiosité; on ne parla plus que de la transmutation des métaux en or ou en argent; on voulut chercher des moyens de prolonger la vie jusqu'à plusieurs siécles; & comme il est de l'essence de la curiosité, sur-tout lorsqu'elle est excitée par l'intérêt, de rechercher les choses avec d'autant plus d'ardeur, qu'elles sont plus difficiles ou plus inconcevables, chacun prétendit deviner les énigmes de Paracelse. Tout le monde devint philosophe; on ne s'occupa que de Chymie, & l'on ne pensa qu'à faire de l'or & de l'argent en grande quantité; personne ne s'arrêta à faire des recherches, & à méditer; on trouva plus court de faire des expériences, sans vues & sans dessein. Une conduite si imprudente dut naturellement rebuter les personnes sensées, & les empêcher de se livrer à la Chymie, qu'elles voyoient en proie à une foule de fripons, qui abusoient de la crédulité des gens riches & les trompoient dans l'espoir de leur apprendre à faire de l'or, & de leur communiquer des remedes étonnans. Ce sont ces abus qui ont été cause qu'à peine en deux siécles il s'est trouvé quelqu'un qui se soit appliqué sérieusement à la Chymie. Cependant le travail des mines, & de la métallurgie qui étoient en vigueur depuis un tems immémorial en Allemagne, eussent dû attirer toute l'attention des Chymistes, & il en eût pu résulter des avantages plus réels & plus grands que de toutes les recherches dictées par une curiosité frivole & insensée.

A force de faire des expériences & des opérations au hazard, il ne laissa pas de s'en trouver un grand nombre qui étoient propres à jetter du jour sur la Chymie, & il parut en différens tems des personnes éclairées, qui en rapprochant ces expériences détachées, & en les comparant les unes aux autres en ont sçu recueillir du fruit. Libavius a été sans contredit un des premiers; il a marqué beaucoup de lumieres & de sagacité dans le Recueil qu'il a fait d'un assez grand nombre d'expériences Chymiques; il a marché d'un pas égal avec George Agricola, & il nous a donné ainsi que lui une description complette des travaux des mines & des fonderies : quoique ni l'un ni l'autre de ces Auteurs ne se soit mis en peine de nous donner des explications raisonnées de ces travaux, ils ne laissent pas de mériter des éloges pour avoir applani la route à ceux qui les ont suivis, & pour avoir fourni matiere à leurs spéculations. En effet quoique l'Allemagne abonde en mines, & soit remplie de fonderies, tout le monde n'est pas toujours à portée de voir ces sortes de travaux de ses propres yeux ; il est sûr que le coup-d'œil apprend en ce genre une infinité de choses que l'on chercheroit vainement dans les livres ; cependant il est à propos de n'examiner le terrein qu'après avoir lû ces Auteurs ; par là on sera plus capable de connoître ce qu'on verra & d'en juger, & l'on sera plus à portée de remarquer les choses qui ont pu échapper à ceux qui en ont écrit.

Il s'est trouvé encore en différens tems d'autres hommes habiles, qui se sont donné la peine de mettre en ordre les travaux des Chymistes, & de les donner au Public ; mais depuis Béguin & Billichius les Auteurs n'ont fait que répéter les mêmes choses, ou ils ont plutôt cherché à donner à leur matiere un ordre scolastique que conforme à la nature : cela dura jusqu'à ce que Rolfinck parut; il entreprit de mettre la Chymie & ses opérations dans un ordre conforme à la nature & à la raison, en quoi il a du moins applani le terrein pour ceux qui l'ont suivi. En effet le sçavant Bohn de Leipsick & presque en même tems Jacob Barner, se livrerent à ce travail, & donnerent à leurs disciples des leçons manuscrites dans lesquelles les opérations de la Chymie étoient disposées dans un meilleur ordre qu'elles ne l'avoient encore été par les Auteurs qui les avoient précédés. Quoique ces deux Ecrivains n'aient point été également versés dans les travaux & dans la pratique, ils n'ont point laissé de rendre de très-grands services, sur-tout Bohn qui a rassemblé avec le plus grand soin des expériences qui n'avoient point encore été décrites par les Auteurs qui avoient paru avant lui, & dont la découverte étoit plus récente. Il est fâcheux que M. Bohn n'ait pas jugé à propos de faire imprimer son Cours de Chymie tel qu'il le dictoit à ses auditeurs en 1679; il étoit beaucoup meilleur que la *Chymia in artis formam redacta* de Rolfinck. L'ouvrage de Barner qui a été imprimé d'assez bonne heure ne laisse pas d'être aussi très-estimable.

On ne peut s'empêcher de louer les travaux de tous ces Sçavans, ainsi que ceux de beaucoup d'autres qui nous ont donné des observations particulieres & des découvertes Chymiques; l'on ne peut disconvenir de l'utilité qui en est résultée; cependant ils n'ont guère poussé leurs recherches jusqu'à la combinaison intime des corps; ils se sont bornés à la liaison peu étroite de certaines substances que l'on n'avoit pas encore trouvé le moyen de décomposer, ou sur lesquelles l'on ne sçavoit pas encore pousser plus loin l'analyse. C'est pour cela que ces Auteurs ne nous ont pas expliqué d'une façon satisfaisante, un grand nombre d'opérations mêmes très-communes; & les plus habiles d'entre eux ne nous ont souvent rendu aucune raison des tours de mains dont ils n'ont quelquefois pas parlé; défaut qui se remarque sur-tout dans ceux qui n'ont pas opéré par eux-mêmes, qui n'ont pas regardé les choses d'assez près, ou qui n'ont voulu que chercher à deviner les causes des opérations faites par les autres, sur les circonstances grossieres qu'ils ont trouvé rapportées. Souvent les descriptions qu'ils donnoient de leurs travaux n'étoient pas exactes, & elles ne nous apprennent ni le tems qu'ils y ont employé, ni le degré de feu qu'elles exigeoient, ni les phénoménes que leurs matieres présentoient, ni les vapeurs qui s'en dégagoient, ni les difficultés qu'on avoit rencontrées. Ils ne nous ont donné rien de satisfaisant sur les travaux les plus communs de la métallurgie; cela venoit de ce que les Chymistes n'avoient des cabinets de minéraux que pour la parade, & de ce qu'ils ignoroient les travaux qui sont connus même des artisans les plus grossiers: d'autres uniquement occupés de la Pharmacie, ne pensoient qu'à se remplir l'esprit de recettes, d'arcanes & de mots qu'ils trouvoient dans les livres, sans se donner la peine de travailler par eux-mêmes.

Il ne laissa pas cependant d'y avoir quelques Chymistes estimables, qui s'étant plus livrés à l'expérience & à la pratique qu'à la théorie & à la spéculation de l'Art, sont parvenus à force de combinaisons, à faire des découvertes intéressantes pour les travaux sur les sels, les mines & les métaux, & qui ont publié des Observations curieuses sur les procédés. Parmi ceux-ci Jean-Rodolphe Glauber occupe le premier rang, & est le plus distingué de son tems; en effet quoiqu'avant lui Kessler eût rassemblé un grand nombre de matériaux, dont quelques-uns ne sont point à mépriser, il les a publiés dans une confusion & un désordre dont on a beaucoup de peine à le tirer. Ce qui donne beaucoup d'avantage à Glauber, c'est qu'il étoit la plupart du tems en état de parler d'après sa propre expérience; mais d'un autre côté sa passion pour la Chrysopée, & ses espérances chimériques l'ont souvent égaré, & lui ont fait prendre une route qui ne menoit à rien.

Ce fut dans ce même tems que parut le docteur Jean-Joachim Becchet; il envisagea les travaux Chymiques d'un autre œil que ceux qui l'avoient précédé: il s'apperçut que la Chymie telle qu'on la pratiquoit, se bornoit à l'écorce & à la superficie des choses, & ne s'embarrassoit guère d'en approfondir la nature; sur quoi je crois devoir avertir une fois pour toutes que par-là je n'entends point les imaginations sublimes & merveilleuses de l'Alchymie & de la Chrysopée; je veux dire simplement que l'analyse n'avoit point été poussée jusqu'où elle pouvoit aller, elle en étoit restée à des substances que l'on regardoit alors comme inaltérables, ou du moins dont la décomposition paroissoit impossible ou inutile. Il m'est aisé de prouver ce que j'avance, & je vais appuyer mon sentiment par des exemples frappans, qui prouveront qu'un grand nombre de choses très-importantes ont été ignorées des premiers Chymistes, ou ont été mal développées dans leurs ouvrages.

1°. L'on a beaucoup écrit & disputé au sujet de la fermentation; cependant je voudrois sçavoir si personne a jamais expliqué d'une maniere satisfaisante, le changement du moût en vin, & a rendu compte de la maniere dont se fait la bierre. A-t-on développé ces phénomènes de maniere que toutes leurs circonstances s'accordent avec la définition de la fermentation? ou du moins quelqu'un a-t-il jamais fait connoître celles des circonstances ordinaires qui l'accompagnent, qui sont réellement nécessaires & utiles, & les a-t-on distinguées de celles qui sont superflues & inutiles? Quelqu'un nous a-t-il enseigné le moyen de perfectionner les vins, de les conserver dans leur bonté & dans leur force? Nous a-t-on fait connoître d'où venoit la différence que l'on remarque dans la bierre pour le goût, pour la durée & pour la qualité, & ce qui la rend plus ou moins bonne pour la santé.

On en peut dire autant de la diſtillation de l'eau-de-vie, de la façon de faire le vinaigre, & même les eaux médicinales que l'on obtient par la fermentation. Cependant rien ne ſeroit plus important que ces connoiſſances, & l'on pourroit en retirer les plus grands avantages; en effet nous voyons que des petites villes d'Allemagne font des profits conſidérables à vendre de la bierre, des vins, des eaux-de-vie, du vinaigre; tandis que d'autres réuſſiſſent très-mal à faire ces ſortes de liqueurs qu'elles ſont obligées d'acheter de leurs voiſins. A Francfort ſur le Mein, qui, comme on ſçait, eſt l'endroit où ſe fait le plus grand débit des vins du Rhin, du Neker & de la Franconie, il y a une loi de Police qui oblige chaque Marchand de Vin qui a fait entrer une certaine quantité de vin dans la Ville pour l'y débiter, de prêter ſerment que de ſa connoiſſance ce vin eſt auſſi pur que Dieu l'a fait ſortir de la terre; ſans cela ſon vin eſt confiſqué. Quoique cette loi ait été ſagement établie pour empêcher la falſification des vins, il eſt bon d'obſerver que le vin n'eſt point tel qu'il eſt dans le raiſin & ſur le ſep de la vigne; ce n'eſt que par l'art que le moût ſe change en vin: à quoi l'on peut ajouter que l'on eſt encore ſouvent obligé de ſoufrer ces ſortes de vins, ce qui peut quelquefois les rendre nuiſibles à la ſanté, circonſtances auxquelles l'on n'a pourtant point d'égard. L'on ne regarde pas non plus l'uſage des vins de Bacharach comme nuiſible & ſuſpect, quoique par la cuiſſon qu'on leur donne ils ſoient en quelque façon artificiels; cette méthode appliquée aux vins nouveaux, pourroit peut-être contribuer à les perfectionner. Perſonne n'ignore à quel point on falſifie les vins, & ſur-tout ceux qu'on nous débite en Allemagne ſous le nom de vins de France, qui ſont communément accommodés avec de la mélaſſe ou du ſucre, de la chaux, de la craie, de la potaſſe, de la fiente de pigeons, de l'eau-de-vie, &c.

L'exemple d'un malheureux Tonnelier qui fut puni de mort, il y a une vingtaine d'années, pour avoir trouvé le ſecret de raccommoder le vin aigri, par le moyen de la litharge, a fait aſſez de bruit pour avoir frappé bien des gens. Je ne déciderai point ſi ce jugement étoit trop rigoureux; je demanderai ſeulement ce que l'on doit penſer des Médecins qui donnent à des malades le ſel de Saturne, c'eſt-à-dire, le plomb ou la litharge mise en dissolution par le vinaigre ; cependant l'expérience apprend que l'on ne peut en attendre que les effets les plus funestes.

En un mot bien des personnes parlent de la fermentation sans la connoître, & elles trouveroient une grande différence entre leurs idées & la pratique, si elles venoient à opérer par elles-mêmes.

Je leur demanderois volontiers comment il faudroit s'y prendre, pour faire ensorte que le plus fort esprit-de-vin, sans addition ni de sucre, ni de miel, ni d'aucune substance visiblement saline, pût être entiérement changé en vinaigre, au point qu'il fût ensuite impossible d'obtenir par la distillation aucune partie de la substance qu'on y auroit ajoutée, & qui pourtant n'auroit souffert aucun déchet, tandis que ces autres substances qu'on y auroit employées, ne donneroient jamais de vinaigre d'aucune autre maniere, bien loin d'en donner une si grande quantité ? & comment s'y prendroit-on pour donner à du jus de citron pur & récent la qualité du vin ? & ensuite comment le changeroit-on en vrai vinaigre ? expériences très-propres à faire connoître d'une maniere sensible la nature de la fermentation, &c.

2°. Dans quel Chymiste trouvera-t-on quelles sont sur-tout en Europe, les terres dans lesquelles il faut chercher le nitre ou salpêtre; la maniere de l'en tirer; ce qu'il faut y joindre pour qu'il donne des crystaux? Lorsque le salpêtre sera fait, nous dira-t-on la nature & l'origine de sa forme, de sa concrétion, de sa figure allongée & crystallisée, de sa consistance, de sa saveur? nous dira-t-on dans quelle proportion l'acide ou la substance nitreuse s'y trouve, & ce qui y est contenu de plus? pourquoi sa partie acide & spiritueuse est-elle volatile, d'une odeur si forte, & pourquoi dans sa pureté & même dans l'état de vapeur est-il d'une couleur jaune? D'où vient que le salpêtre ne s'allume pas dans le plus grand feu, tandis qu'il donne une flamme claire lorsqu'il est joint avec des matieres inflammables pour peu que l'on en approche un fil de fer rougi? Comment par cette inflammation subite toutes les propriétés du nitre, sa mixtion & sa combinaison intime sont-elles anéanties au point qu'il ne lui reste plus le moindre vestige de l'acide salin & corrosif qui lui est propre, phénomène qui s'opére pourtant en un clein d'œil?

3°. On pourroit faire les mêmes questions au sujet du sel marin. Qu'est-ce qui lui donne sa consistance concréte & solide, est-ce son acide qui est si doux ? Sa partie saline & acide est corrosive, tandis que le reste est d'une nature toute différente, & même annonce des propriétés entiérement opposées.

4°. S'il y a de la différence, & quelle peut être la différence entre deux substances toutes deux acides, dont l'une donne au nitre & l'autre au sel marin une solidité, une température qui fait que ces sels ont une saveur douce sans être corrosive, & qui font qu'ils sont si fixes au feu de fusion ? tandis que leurs acides lorsqu'ils sont purs & dégagés, sont en état de se dissiper & de s'évaporer même à l'air frais.

5°. C'est sur la distillation de l'eau-forte que les profonds Alchymistes semblent avoir écrit d'une maniere plus raisonnable ; comme ils n'étoient pas en état de donner la raison, pourquoi en joignant du vitriol avec le nitre, l'acide de ce dernier sel se dégageoit, & passoit à la distillation à une chaleur modérée, & comme dans la partie restante ils trouvoient une nouvelle combinaison saline qui n'étoit ni du nitre ni du vitriol, ils ont nommé ce sel *arcanum duplicatum*, ou un double myſtère, parce qu'ils ne pouvoient deviner, ni comment ſe faiſoit le dégagement de l'acide nitreux, ni comment s'opéroit la formation de ce nouveau ſel. Glauber lui-même qui le premier a expoſé ces phénomènes, & quelques autres après lui qui les ont remarqués, n'ont pas été en état d'en donner l'étiologie.

6°. On ne nous a pas non plus donné la vraie raiſon pourquoi dans la diſtillation de l'eſprit de nitre & de l'eſprit de ſel marin, on emploie des ſubſtances qui ſervent d'intermède, & ſur-tout de la glaiſe; on s'eſt contenté de nous dire qu'un intermède terreux rompoit la continuité des ſels, *diſcontinuatio ſalium per terrea*.

7°. Ce ſeroit auſſi vainement qu'on demanderoit ce que devient l'eſprit ardent du vin lorſque le vin ſe convertit en vinaigre, & ſur quoi eſt fondé le fait univerſellement connu, que c'eſt le meilleur vin qui donne le plus fort vinaigre. Comment il arrive que le Tartre qui eſt viſiblement acide, & qui eſt en état diſſoudre la craie, les yeux d'écreviſſes & même le fer & la litharge, ne donne pas le moindre veſtige d'acide, par la combuſtion & qu'on ne trouve qu'une grande quantité d'un ſel alcali, qu agit d'une façon entiérement differente des acides, & que l'on n'avoit point lieu d'y ſoupçonner dans ſon premier état.

8°. Les femmes ſe plaignent tous les jours que leur vinaigre ſe gâte, & ne conſerve plus aucun veſtige de ſon acide qui ſe perd totalement; phénomène dont il n'eſt queſtion dans aucun des plus habiles Chymiſtes, qui ne nous ont point appris ce que cet acide étoit devenu.

9°. Quand on fait chauffer le meilleur vin, ſans qu'il puiſſe s'en dégager la moindre vapeur ſenſible, il ſe change en vinaigre ou il ſe gâte; cependant aucun Chymiſte ne nous a appris à quoi tenoit ce phénomène, quoiqu'il eût été utile de le ſçavoir.

10°. Il eſt vrai que M. Sturm dans ſon *Théâtre de phyſique & de curioſité* nous a dit la maniere d'enlever au vin ſa partie aqueuſe ſuperflue; mais j'ignore ſi perſonne depuis lui a examiné ce point de maniere à en tirer de l'utilité.

11°. Perſonne ne nous a donné l'origine des ſels alcalis volatils.

12°. S'il eſt queſtion des mines & des métaux, nous ne trouvons que des expreſſions ampoulées, & qui ne préſentent qu'un ſens douteux au vulgaire ; on ne parle que d'une façon cachée & myſtérieuſe, ſous prétexte de l'abus qu'on pourroit faire de connoiſſances plus claires, & l'on s'enveloppe des mots de *ſel*, de *ſoufre*, & de *mercure*, à quoi les plus aviſés joignent *l'arcanum duplicatum ſui generis*. Ces mots qu'ils n'entendent point ſervent à maſquer leur ignorance & à en impoſer aux ſots.

15°. A l'égard des minéraux, les gens les plus groſſiers ſçavent ce que l'on entend par du *ſoufre*, & la nature du ſel que l'on appelle vitriol : perſonne n'ignore que le ſoufre s'allume, & ſe conſume entiérement ; il ſuffit d'avoir un nez pour s'appercevoir qu'il contient beaucoup d'acide, les yeux s'en reſſentent quand on s'en approche de trop près, & il ſe fait ſentir au goût quand la vapeur eſt reçue dans la bouche ; malgré cela les Sçavans n'ont pas encore pu s'accorder, pour décider ſi cet acide eſt déjà dans le ſoufre même, ou s'il s'y produit par la déflagration : on diſtingue entre y être *actuellement*, ou y être *potentiellement*, *materiellement* ou *formellement* ; on parle du *changement des figures des particules*, & du *feu qui altére toute choſe*, expreſſions dont perſonne n'entend le ſens.

14°. S'il n'y a guère de lumiere à tirer des anciens Chymistes sur le Soufre, on en apprendra encore moins sur l'arsénic, sur l'orpiment, qui sont des substances connues des ouvriers & artisans ; peut-être cela vient-il du danger qu'il y a à traiter ces substances.

15°. On trouvera un peu plus de détail sur le vitriol ; mais il s'en faut bien que ce qu'on en a dit soit satisfaisant. En vain se flatteroit-on de puiser dans les Auteurs de Chymie, quelque connoissance sur le bitume ou le charbon de terre, quoique cela eût pû jetter un grand jour sur l'histoire naturelle.

16°. On a parlé diversément des demi-métaux volatils, tels que l'antimoine, le bismuth & le zinc. On a beaucoup écrit sur l'antimoine, sans en rien dire de bien satisfaisant ; on a dit très-peu de chose du bismuth ; quant au zinc, je ne sçache point qu'on en ait rien dit de clair & qui soit propre à faire connoître sa nature, au point que l'on ne trouve aucun détail sur la *Tutie* & le *Pompholix*, ni sur son origine. Quand ces Chymistes eussent vu de leurs propres yeux la maniere dont le cuivre jaune se fait à Goslar, ils n'y eussent rien découvert, & n'auroient point deviné la raison pourquoi on y voit une si grande quantité de poussiere de charbon quand on vuide les creusets, si ce charbon y est tombé par hazard, ou s'il y a été joint à dessein, ou s'il a été produit par la calamine ; enfin ils ne sentiroient aucune des raisons pour lesquelles cela a pu se faire. Je ne connois aucun Chymiste qui nous ait fait connoître la nature du bismuth, comparée à différens métaux & alliée avec eux, si l'on excepte ce que Becher a dit de sa propriété qu'il a d'atténuer ; mais il faut bien le distinguer de ceux qui ont écrit avant & après lui.

17°. S'il s'agit des métaux que l'on nomme communément ignobles ou imparfaits, on trouve que l'on a beaucoup parlé de la facilité avec laquelle ils se détruisent ; mais on ne voit pas que l'on ait donné sur cela les détails qui sont connus même des artisans & des ouvriers ; quoique ces choses pussent être souvent d'une grande utilité. Il n'est pas question de la promptitude avec laquelle ces métaux se brûlent, disposition qui cause souvent beaucoup de tort sur-tout dans les fonderies de cuivre ; les écailles de fer qui se détachent de ce métal dans les forges, la cendre ou chaux de cuivre qui se détache du cuivre que travaillent les chauderonniers, la cendre d'étain ou la potée des potiers d'étain, la litharge qui se forme dans les fourneaux de coupelle, les cadmies ou suies métallique des fourneaux, sont des exemples grossiers & frappans de la facilité avec laquelle ces métaux se brûlent : cependant personne n'a cherché à rendre raison de ces faits. Il est vrai que l'on a beaucoup parlé du *Soufre inflammable* de ces métaux ; mais les vrais Chymistes ont raison de se plaindre de ce que ces Chymistes se servent du mot de soufre, pour désigner tout ce qu'ils n'entendent pas, & de ce qu'ils ne distinguent point la partie inflammable des métaux des matieres grasses les plus ordinaires.

18°. Ces Auteurs parlent de ce Soufre sans le connoître, & ils disent que ce n'est point le Soufre qui est le principe inflammable qui est dans les métaux & dans toutes les substances combustibles, mais que ce principe se trouve dans le Soufre & dans ces substances, & constitue le vrai principe de l'inflammabilité ; mais qui d'entre ces Ecrivains a sçu cette vérité ou l'a démontrée ? Quoiqu'il soit évident que dans toutes les matieres grasses, aussi-bien que dans le Soufre minéral, & dans tous les métaux & demi-métaux qui sont inflammables, c'eſt une même ſubſtance qui donne l'inflammabilité.

19°. Dans lequel de ces Chymiſtes trouvera-t-on que le même principe de l'inflammabilité puiſſe paſſer du regne animal & du regne végétal immédiatement & ſans s'altérer dans le regne minéral & dans les métaux, & y produiſe toujours le même effet, c'eſt-a-dire l'inflammabilité ? Ce que l'on s'efforce d'expliquer en diſant que cela vient de l'*analogie*, mot dont on ſe ſert pour maſquer ſon ignorance.

20°. On ne nous parle point de ce qui arrive dans les travaux en grand de la métallurgie, & on ne nous donne aucune raiſon pourquoi dans un creuſet on ne peut plus parvenir à tirer de métal des mines de cuivre, de plomb, d'étain, de fer après qu'elles ont été grillées, pour en dégager le ſoufre groſſier, & lorſque le métal en a été, pour ainſi dire, amorti par les feux du grillage ; ni pourquoi l'on eſt obligé de leur appliquer immédiatement le feu des charbons, pour les faire entrer en fuſion. C'eſt envain que l'on chercheroit dans les ouvrages de ces profonds Chymiſtes, la raiſon d'un phénomène familier que l'expérience à conſtaté depuis le commencement de l'univers.

21°. L'on n'a pas vu plus clair dans les opérations de la Docimasie, où l'on se sert de ce qu'on appelle le *Flux noir*, & l'on ne s'est point apperçu que le verre d'antimoine & la litharge, ou le verre de plomb, se réduisoient en métal aussi-tôt qu'un charbon venoit à tomber dessus. L'on n'a pas fait attention que le défaut d'une quantite suffisante de charbons, ou leur mauvaise qualité, ainsi que le manque d'un feu suffisant, sont cause qu'on éprouve des pertes considérables dans le fourneau de fusion où l'on traite le cuivre. Il se forme ce qu'on appelle le *Cochon*, la tuvere se bouche, ou il s'y forme un nez, & l'on perd quelquefois 20 à 30 livres de métal. Dans le travail avec le plomb on obtient du moins des scories fusibles, qui, si l'on ne peut en retirer le plomb avec profit, servent à faciliter la fusion d'autres mines difficiles à fondre, ce qui fait qu'on peut se dispenser d'employer de la litharge pure; au contraire en joignant des scories fusibles, & trois quarts de scories réfractaires avec les autres scories difficiles à fondre, on court risque de perdre le tout.

22°. Dans lequel des Chymistes trouvera-t-on la solution du Problême que j'ai proposé il y a près de 30 ans; il consiste à changer une huile très-volatile, très-pure, très-limpide, en un mot ce qu'on appelle une huile éthérée, en une poudre très-séche, d'une couleur noire à l'extérieur, & qui sans le contact de l'air est fixe & incombustible, changement qui se fait en un moment? Ces habiles Chymistes seroient bien surpris de voir que cette poudre passe dans la chaux de plomb ou la litharge, sans qu'il soit besoin d'interméde ou d'addition; mais ce phénomène n'aura rien de surprenant pour les potiers d'étain, qui pour faire la réduction de leur chaux d'étain qui résiste au feu le plus violent, ne font qu'y joindre un peu de suif, ce qui lui rend sur le champ son éclat métallique.

23°. Les ouvriers qui travaillent à la coupelle aussi-bien que nos habiles Chymistes, prétendent que dans l'opération de la coupelle, soit en petit, soit en grand, le plomb passe dans les coupelles ou dans le test fait de cendres; cependant il n'est pas plus possible qu'il y entre la moindre particule de plomb que d'or ou d'argent; & lorsque l'essai du cuivre, de l'argent, de la grenaille a été bien fait, il ne doit pas se trouver plus de cuivre dans la coupelle, ni même dans la litharge charge qui reste sur l'écuelle à scorifier, que dans l'argent qui a été coupellé.

24°. On trouve par-tout la maniere de faire le minium; mais la méthode est peu exacte, & peu de nos Chymistes seroient en état d'en faire & de dire d'où vient sa couleur, quoique l'on puisse faire cette expérience sur un très-petit charbon, & donner au minium un rouge aussi-vif que celui du carmin; mais en un clin d'œil cette couleur se change en jaune que tous ces habiles raisonneurs ne pourront jamais faire redevenir rouge. Cependant cette couleur rouge que l'on donne au minium est une démonstration complette de la réverbération des Anciens & de sa différence d'avec la calcination qui demande à être expliquée tout autrement qu'on ne l'a imaginé jusqu'ici.

25°. Rien de plus ridicule que ce qu'on nous dit de la sublimation, par laquelle on veut réduire un métal en fumée ou en fleurs sans aucune addition étrangere; je ne connois que Beccher qui ait entendu cette opération; & Glauber en a donné le manuel en y joignant pourtant une addition étrangere, mais sans en avoir une juste idée.

26°. Un phénomène que j'ai bien de la

peine à comprendre & dont personne n'a fait mention, c'est comment le fer & le cuivre peuvent être préparés très-facilement de maniére qu'il ne s'en dégage rien de volatil, quelque feu qu'on leur applique, si l'on en excepte la sublimation de Geber dont il a été parlé : & cependant les rayons du Soleil rassemblés par le moyen d'un miroir ardent, leur font subir ces grands changemens, puisque lorsqu'on expose ces métaux à un de ces miroirs ils demeurent fixes, & finissent par fondre comme ils feroient à tout autre feu violent, tandis qu'exposés à une autre espece de miroir ils sont en un instant dissipés sous la forme d'une fumée ou d'une vapeur blanche très-subtile.

27°. Quoique Beccher soit parvenu à découvrir la sublimation des métaux de Geber ou des Anciens, il est surprenant qu'il ne nous ait point indiqué la maniere de faire cette sublimation en grand sans peine & presque sans frais, ou du moins qu'il n'ait point donné une méthode de préparer la substance qui en facilite la sublimation. Un Ouvrage moderne en donne une méthode ridicule, tandis que les moindres ouvriers des fonderies sont en état de faire voir que cette ſublimation ſe fait par quintaux & peut ſe donner pour une bagatelle.

28°. Je crois que ce qui vient d'être dit ſuffit pour prouver les avantages & les pertes que la matiere inflammable peut cauſer aux ſubſtances métalliques & minérales ; & que tout ce qui a été dit avant & après Beccher, & par ce Chymiſte lui-même, eſt très-peu de choſe, & n'eſt rien moins qu'intelligible & ſatiſfaiſant. On pourroit encore ajouter à cela un grand nombre de circonſtances par leſquelles les métaux différent les uns des autres ; différences qui n'ont point été indiquées par les Auteurs les plus fameux, quoique cela eût été agréable aux curieux & utile dans l'uſage de la ſociété.

1°. C'eſt ainſi, par exemple, que nous voyons que l'on a beaucoup parlé de la diſſolution des métaux dans différents diſſolvants ; mais on n'a rien dit de la quantité plus ou moins grande de ces métaux qui ſe diſſolvent dans une même quantité de ces mêmes diſſolvants. 2°. On n'a point parlé des changements que ces diſſolvants apportent à ces métaux, quoique ſouvent il en réſulte dans la pratique du déchet, de la perte de tems, & même ſouvent du danger pour la ſanté.

3°. Lorsqu'on trouve des opérations décrites dans un Auteur expérimenté, il faut examiner s'il tient ce qu'il dit de sa propre expérience, ou s'il ne l'a reçu que par tradition. Souvent lorsqu'on commence à opérer sans obtenir le succès qu'on attendoit, on se plaint de ce qu'on n'a trouvé nulle part la manipulation ou les tours de main qui sont d'une grande importance ; & lorsqu'on travaille par soi-même, on rencontre des découvertes & des spéculations qui ne se présentent point aux gens qui opérent sans aucun soin. Beccher a remarqué très-judicieusement, que *l'expérience ou la pratique éclaire l'esprit non-seulement quand elle réussit, mais encore quand elle ne réussit point, ou quand elle donne des résultats tout différents de ceux qu'on se promettoit*. Par-là celui qui opére doit trouver la vraie manipulation ; & quand il ne réussit point il se présente à lui des phénomènes propres à donner matiére à ses réflexions. Paracelse a eu la même idée lorsqu'il dit que la plupart des découvertes ne sont dûes qu'au hazard. 4°. Nous ne voyons pas que l'on en ait plus dit sur les différentes combinaisons des métaux avec le Soufre ordinaire qu'avec les Sels ; cette connoissance étoit pourtant fort utile & fort curieuſe, c'eſt ce que prouve la liquation ou la ſéparation de l'argent qui eſt contenu dans le cuivre, opération dont l'étiologie a été juſqu'ici entiérement ignorée: il eſt vrai qu'on a été recourir à des explications obſcures pour rendre raiſon de ce phénomène, & l'on a dit que le *froid Mercure de Saturne, attiroit à lui par une vertu magnétique l'argent, qui eſt d'une nature froide comme lui, & le faiſoit ſortir du cuivre qui eſt d'une nature chaude.* C'eſt cependant ſur le même principe qu'eſt fondé uniquement le départ ou la ſéparation de l'or d'avec l'argent par la voie ſéche. La multiplicité des expériences & des tentatives que l'on fait préſente une variété de circonſtances & de phénomènes très-propres à jetter de la lumiere ſur les travaux. 5°. On voit par tous les écrits des Chymiſtes qu'ils n'ont point crû & même qu'ils ont enſeigné, que le Soufre commun n'agiſſoit point ſur l'or; tandis qu'ils ſe contredisent preſque ſur le champ, & les uns attribuent cette découverte à Monteſnyder & d'autres à Glauber, quoiqu'ils prétendent que le Soufre de Glauber n'eſt point un vrai Soufre.

Telles ſont les erreurs & les omiſſions que l'on trouve dans les Ouvrages des Chymiſtes qui ont écrit juſqu'à Beccher ; cependant cet Auteur n'a pas tout examiné, & jamais il n'a publié le ſecond livre qu'il avoit annoncé, qui ne devoit contenir que des choſes démontrées par l'expérience, & après lui perſonne n'a entrepris de traiter ces matieres d'une façon plus claire & plus ſuivie, excepté un petit nombre d'obſervations qui ont été répandues çà & là. Enfin parut Jean Kunckel, homme expérimenté & verſé dans les travaux, qui entreprit de faire des expériences avec plus d'exactitude ſur tous les objets de la Chymie, & ſur-tout dans la vûe de connoître les propriétés des métaux & des minéraux, & les phénomènes qu'ils préſentent.

Mais avant que de conſidérer le travail de cet habile Artiſte, il eſt à propos de parler encore d'une ſecte particuliere de Chymiſtes & d'Ecrivains, parce que Kunckel a fondé ſes recherches ſur les idées de quelques-uns d'entre eux, & en général s'eſt propoſé le même but qu'ils avoient.

Tout le monde ſçait que c'eſt vainement que dans tous les ouvrages connus on chercheroit une méthode claire de produire la tranſmutation des métaux ou leur amélioration. Paracelse fut le premier qui fit du bruit à ce sujet & qui mit toute l'Allemagne en rumeur; ce ne fut qu'alors qu'on commença à apprendre qu'il y avoit déja eu, un ou deux siécles auparavant, des Auteurs qui avoient donné quelque chose sur cette matiere en manuscrits qui avoient été copiés & qui n'étoient tombés entre les mains que d'un petit nombre de personnes, qui en faisoient un grand mystère, vû que dans ce tems l'Imprimerie n'étoit point encore inventée. Mais Paracelse commença à parler & à écrire beaucoup sur cette matiere ; & quoique les écrits qu'il avoit dictés à ses disciples n'aient paru qu'àprès sa mort, les secrets si vantés pour s'enrichir, pour conserver sa santé, & pour obtenir une vie très-longue, devinrent l'objet des désirs ; alors les préceptes de Paracelse se répandirent de plus en plus, & enfin ils furent rendu publics par la voie de l'impression : plusieurs autres Ouvrages plus anciens qui avoient été dans l'oubli, parurent en même-tems pour satisfaire l'empressément de ceux qui ne désiroient que le sécret de faire de l'or.

Une chose très-remarquable c'est que l'on ignore entiérement ce qu'étoient tous ces anciens Auteurs, on a même été jusqu'à douter qu'ils eussent jamais existé, & l'on a regardé leurs noms & leurs ouvrages comme supposés. Ce qu'il y a de certain c'est que quelque peine & quelque soin que Olaüs Borrichius se soit donné, il n'a jamais pû découvrir là-dessus que des probabilités. Parmi ces Auteurs il y en a deux principaux, qui sont Raymond-Lulle, & Isaac le Hollandois. Pour Basile Valentin, on ne sçait au juste en quel tems il vivoit; il est vrai qu'il nous reste quelques indices d'Artesius & de Flamel, sur-tout du dernier, mais ces indices ne portent aucun caractère propre à convaincre. Quant à Geber, qu'on dit avoir été Roi des Arabes, on ne peut guère deviner où a pû être son Royaume dans un pays désert & dépeuplé. On peut en dire autant des autres Rois dont il est question dans la *Tourbe*. On pourroit regarder ces prétendus Rois d'Arabie comme des Princes qui possédoient des mines d'or qu'ils faisoient exploiter, ce qui a pû donner lieu aux Orientaux, qui sont très-portés à exagérer, qu'ils avoient le secret de transmuer les métaux; cependant il est certain que jamais on n'a entendu dire qu'il y eût en Arabie une si grande quantité d'or, & l'on nous décrit les Emirs qui habitent ce pays à peu-près comme des chefs de brigands; à moins qu'on ne voulût remonter aux tems qui ont précédé le déluge, avant que ce pays ne fût devenu une mer de sable qui ne fournit plus ni eau, ni nourriture aux animaux ni aux habitans. Malgré ces difficultés c'est d'un Seigneur Arabe que Paracelse a prétendu avoir appris son art, & que Buttler dit avoir reçu sa pierre si merveilleuse.

Quoiqu'il en soit le malheur de ces prétentions c'est qu'elles en imposent à ceux qui courent aveuglément après l'or, & les engagent à sacrifier tout ce qu'ils ont, pour tâcher d'obtenir des richesses imaginaires. Tout ce que l'on peut raisonnablement chercher dans les Auteurs, dont on vient de parler, se borne à des manipulations, des expériences & des tentatives. En effet Raymond Lulle, Isaac le Hollandois, & Basile Valentin ont tant écrit sur les sels, sur les dissolvants qu'on en tire, sur les cémentations, les calcinations, les sublimations, les digestions, & les putréfactions, &c. que l'on est obligé de convenir qu'ils ont eux-mêmes fait ces opérations, ou du moins qu'elles ont été faites par ceux qui ont pris leurs noms, joint à ce qu'on y trouve de quoi exercer son esprit, & de quoi fournir matiere à des expériences, avant que de passer aux prétentions transcendantes.

Nous remarquons que la plupart des opérations Chymiques, qui ont été mises en vogue peu de tems après Paracelse, ont été prescrites par lui, & c'est dans son Manuel qu'il faut chercher la plûpart des choses qui se trouvent chez lui; cependant cet ouvrage doit être plutôt regardé comme une rapsodie & un amas d'expériences que comme un ouvrage qui lui appartient en propre. Il tenoit ces d'expériences, par des traditions plus anciennes; il a fait ses observations sur quelques-unes, mais la plus grande partie est ou copiée mot à mot, ou imitée des trois Auteurs dont on vient de parler.

Il nous reste encore à observer que la plûpart de ceux qui ont fait des expériences, sur-tout ceux qui en ont entrepris un grand nombre, ne se sont point communément engagés dans des travaux longs & pénibles, & qui ne pouvoient point se faire soit dans un Athanor, soit dans le fumier de cheval, soit par des feux réitérés; ils ont toujours préféré les opérations courtes, qu'ils ont encore faites avec précipitation, & par conséquent ils n'ont pas ſuivi les procédés tels qu'ils avoient été preſcrits, & n'ont pas eu le ſuccès qu'ils en attendoient : mais ſans avoir réuſſi ils n'ont point laiſſé de remarquer les réſultats qu'ils obſervoient, & les circonſtances qui avoient accompagné des opérations quoique inutiles pour le but qu'ils ſe propoſoient. Les livres ſont remplis de ces détails, & on les trouve dans les Auteurs qui n'ont fait que ſe copier les uns les autres : je n'en citerai qu'un éxemple. Quel eſt le livre de Chymie où l'on ne trouve point une méthode de faire de l'eau régale ? On nous dit de prendre trois & même quatre parties d'eau forte, & d'y joindre une partie de ſel ammoniac. Quelques Auteurs diſent qu'on n'a qu'à y faire fondre le ſel ammoniac ; d'autres veulent qu'on mette le tout en diſtillation. On voit bien que ces Chymiſtes ainſi que leurs diſciples ont eû peu d'occaſions de travailler ſur l'or, d'ailleurs il y a peu d'opérations où l'on ait beſoin d'eau régale ; par conſéquent l'on n'en fait point : ſi l'on en fait une quantité d'avance & qu'on ſe ſoit contenté d'y faire diſſoudre le ſel ammoniac, il ſe diſſipe à la fin au bout de quelques jours. L'or s'y diſſout très-lentement, & l'on ne remarque point une forte effervescence dans les autres opérations, où l'on emploie ce dissolvant ; mais s'il étoit question de faire usage sur le champ de cette eau régale, si on avoit besoin d'en avoir une certaine quantité, par exemple, deux livres ou deux livres & demie, & si pour suivre une méthode qui eût été prescrite on alloit distiller le tout ensemble, pour peu qu'on donnât un degré de chaleur qui excédât celui qu'il faut pour que de la cire demeure fondue à la surface de l'eau, il faudroit nécessairement que l'eau forte n'eût pas la moitié de la force qu'elle doit avoir, si la partie la plus subtile de l'esprit ne venoit pas à bout de se faire jour, & de passer sous la forme d'une vapeur jaune, par les jointures des vaisseaux. Mais si pour faire cette opération, on mettoit le mélange dans une cornue de verre placée dans une capsule, & si on s'y prenoit de la même maniere que pour la rectification de l'esprit de Nitre, & si la chaleur devenoit assez forte pour faire bouillir la matiére, elle passeroit dans le récipient sous la forme d'une écume, & le laboratoire se rempliroit de vapeurs incommodes & nuisibles à la santé. On voit par-là que des opérations aussi mal décrites ne peuvent jetter que dans des dépenses inutiles.

Je me rappelle à ce ſujet avoir une fois trouvé une opération pour faire de l'eſprit de ſel : on diſoit de faire entrer en fuſion le ſel dans une cornue, & de faire tomber de tems en tems quelques gouttes d'eau par une ouverture faite à la partie ſupérieure de la cornue. On ſent que cette opération ſeroit néceſſairement ſuivie d'une exploſion très-dangéreuſe. Il en arrivera tout autant lorſqu'on fera fondre quelque ſubſtance avec de la potaſſe, & lorſque l'on voudra y rejoindre une nouvelle cuillerée de potaſſe qui ne ſera pas bien ſeche, l'humidité pénétrera promptement dans l'intérieur ; mais ce ſel fondu formera à l'extérieur une croûte, & l'humidité qui ſe trouvera renfermée cauſera une exploſion très-vive, ſans parler d'une infinité d'autres inconvéniens qui accompagnent les opérations lorſqu'elles ſont mal décrites.

Mais pour en revenir aux Auteurs qui ont décrit des procédés, les Chymiſtes qui ont précédé Paracelſe, n'ont eû en vûe que la Pierre philoſophale : cependant on trouve dans leurs ouvrages quelques opérations intéreſſantes, & qui peuvent jetter du jour ſur la ſcience. Mais en fait d'expériences utiles je ne connois perſonne qui l'ait emporté ſur Beccher ou Kunckel ; cependant avec cette différence que le premier s'eſt expliqué plus nettement ; & a écrit avec plus de liaiſon, au lieu que le dernier a opéré avec plus d'exactitude. De plus Beccher s'eſt étendu au-delà des ſubſtances ſoûterraines, tandis que Kunckel s'eſt principalement occupé de ces ſubſtances ; cependant on ne peut point exiger des hommes de la perfection.

Kunckel dans ſon Laboratoire Chymique qui vient de paroître depuis peu, ainſi que dans ſes Obſervations qu'il publia en 1676, a voulu donner des vues ſur les ſels tant volatils que fixes, ainſi que ſur les *Soufres* fixes dont on a fait tant de bruit, & il prétend que l'on ne trouve rien dans les métaux ſinon une ſubſtance mercurielle, une ſubſtance ſaline, & une ſubſtance terreuſe ; mais que l'on n'y rencontre aucune ſubſtance que l'on puiſſe appeller ſulphureuſe. Selon lui ces trois principes ſont dans l'or, dans l'état de la plus grande pureté, & dans les plus juſtes proportions. Les mêmes principes ſe trouvent à la vérité dans les autres métaux, mais dans des proportions inégales, & joints avec des ſubſtances groſſieres & étrangeres.

Par ſubſtances étrangeres il entend tantôt une ſubſtance acide & ſaline, tantôt une ſubſtance volatile, tantôt une terre grossiere qui a plus ou moins de fusibilité ou de ductilité, ou de vitrescibilité.

Il parle encore de quelques autres substances qu'il n'explique point suffisamment ; tel est son *Calidum*, ou la chaleur, par où il paroît quelquefois entendre l'acide, quelquefois l'autre substance active ; tel est aussi son *Frigidum*, par où il paroît entendre le sel volatil, de maniere cependant qu'il est difficile & même impossible de concevoir une idée nette de ce qu'il veut dire.

Il ne s'en tient point là, il parle encore d'une substance visqueuse (*viscosum*), & même d'une matiere grasse & octueuse (*onctuosum*), sans pourtant expliquer de quelle nature sont ces substances.

Enfin il fait encore mention d'une semence (*sperma*), par où il semble désigner la puissance qui constitue, qui donne la forme, & qui combine chaque genre d'être. Cependant il en parle aussi comme d'une des premieres dispositions des corps qui les rend propres à recevoir d'autres matieres convenables, & à se les assimiler. Mais si l'on vouloit expliquer son sentiment par la distinction du *conceptus materialis & formalis*, on ne pourroit plus distinguer cette substance spermatique ou primordiale de ce qu'il a appellé principe.

Il parle aussi de la lumiere & des ténébres ; mais l'on ne voit point ce qu'il entend par-là, & l'on ne comprend pas si cette lumiere accompagne la chaleur, ou si elle est la chaleur même, ou si c'est elle qui la produit:on ne sçait pas non plus ce qu'il entend par l'obscurité, & s'il la regarde comme une cause, ou comme un effet.

Rien n'est plus aisé que de critiquer. Il faut de l'art pour découvrir de vrais défauts, mais il en faut encore plus pour y suppléer. J'ai toujours fait un très-grand cas des observations & des expériences de Kunckel, & j'ai souvent désiré de raisonner avec lui. Je suis persuadé que nous serions venus à bout de nous entendre ; mais il étoit impossible de s'entendre par lettres. J'ai exposé les sentimens de cet habile Artiste,non pour diminuer son mérite, mais pour empêcher les Critiques de s'en servir pour déprimer le mérite & les louanges qui sont dues à ses expériences. En effet on n'est que trop porté à se mocquer des fautes d'un Auteur & à ne point rendre justice à ce qu'il a fait de bon : il est plus équitable de faire remarquer les erreurs d'un ouvrage,

& de donner de justes éloges aux choses utiles qui y sont contenues.

Il est évident que deux choses ont manqué à Kunckel; premiérement il n'avoit point assez de théorie; en second lieu il n'a point écrit ses observations & ses expériences d'une maniere assez claire & détaillée; il n'en a pris la plupart du tems que ce qui convenoit à ses idées. On ne peut lui en sçavoir mauvais gré, vû qu'il ne paroît avoir écrit que pour les personnes parfaitement instruites de la matiere, & qui pouvoient juger de son travail.

D'un autre côté cet habile homme s'est distingué par un zéle, & un amour singulier de la Chymie, & par une pratique très-exacte. Un autre avantage qu'il a eu c'est que dès sa jeunesse il fut attaché au service d'un grand Prince, qui faisoit les avances & les frais des travaux, & des expériences qu'il avoit à faire, circonstance qui ne pouvoit être que très-favorable. Joignez à cela qu'il s'étoit appliqué à l'art de la Verrerie pendant plusieurs années, ce qui lui fournissoit des occasions pour faire des expériences beaucoup plus exactes qu'on ne les peut faire avec le feu de charbon; & l'usage qu'il pouvoit faire d'un feu continuel qui ne lui coûtoit rien, l'ont mis à portée de faire des expériences qu'un particulier tenteroit vainement. On ne doit donc point lui faire un grand crime de son peu de connoissance dans la théorie, & il a pû se tromper dans la théorie & dans les dénominations, sans que cela doive nuire au fond des choses.

L'erreur de Kunckel venoit principalement de ce qu'il n'avoit point une idée juste des principes. Ce n'est pas sans raison qu'il croit qu'un principe ne peut point avoir encore d'autres principes; mais il n'a pas senti la différence qu'il y avoit entre les principes primitifs & généraux, & les principes plus éloignés & plus particuliers des différentes combinaisons des corps. Il a été brouillé par l'obscurité & l'abus des termes de l'Ecole. Il est certain que les principes & les élémens dans le sens le plus propre sont, *illud quo non est aliud prius*; mais comme le mot de principe a été pris dans un sens beaucoup plus étendu, & a été appliqué aux commencemens des corps le plus grossiérement combinés, il est difficile de ne s'y point tromper; d'ailleurs cette erreur se rencontre dans un grand nombre de disputes physiques, où souvent on confond des principes particuliers avec des principes généraux; & ne voyons-nous pas que toute l'antiquité s'est opiniâtrée à vouloir former tous les corps des quatre élémens.

Kunckel nous assure que tous les métaux contiennent du mercure, un sel particulier & qui leur est essentiel, & enfin une terre morte. Il dit que le sel est étroitement lié à la terre à laquelle il donne la liaison : d'un autre côté que le sel tient le mercure, ou y est attaché, & que c'est cette liaison qui fait que l'on a tant de peine à avoir ces substances séparées les unes des autres. On pourroit lui chercher querelle sur ce qu'il dit de la matiere visqueuse à laquelle il a souvent recours, & l'on pourroit dire que c'est naturellement elle qui devroit produire la liaison dont il est question. Mais autant que j'en puis juger, il me paroît qu'il attribue sa matiére visqueuse principalement au mercure, quoique puisse devenir la primauté du principe : car enfin le mercure pourroit avoir la viscosité, quand même il ne renfermeroit point une matiere visqueuse qui seroit son principe antérieur, *prius principium* ; & même quoiqu'il dise en quelque endroit de ses ouvrages en parlant du vrai sel métallique, qu'il arrive ſouvent qu'après ſon extraction & ſa ſéparation d'avec la terre morte du métal, il forme une concrétion ſemblable à l'alun de plume, & qu'alors il eſt inſoluble ; d'où l'on pourroit conclure qu'il doit auſſi y avoir dans le ſel métallique une ſubſtance viſqueuſe qui lui donne une liaiſon ſolide ; cependant je ne trouve point qu'il attribue cette propriété au ſel, lorſqu'il a été parfaitement purifié. Ainſi l'on pourroit attribuer cette circonſtance ou à une portion de mercure qui y ſeroit reſtée, ou à une portion de la terre métallique qui y ſeroit encore mêlée.

En un mot je ne vois point que Kunckel ait nulle part expliqué & démontré clairement cette matiére viſqueuſe, & il faudroit ou qu'il l'eût miſe au rang des principes, ou qu'il l'eût regardée comme une propriété particuliere d'un de ces principes. Ce qui rend la queſtion encore plus embrouillée, c'eſt qu'il place cette viſcoſité dans les métaux ignobles, ou que l'on appelle communément imparfaits, & même dans ceux que l'on peut plus proprement regarder comme imparfaits, tel qu'eſt le régule d'antimoine, & il lui attribue la propriété de ſe brûler, & de pouvoir être amorti par la calcination.

Or cela ne pourroit point arriver ſi cetne substance étoit une propriété d'un principe, ou si étoit elle-même un principe. En effet Kunckel est obligé de convenir que les principes ne peuvent point être anéantis, ou être convertis en une terre morte : ( *terram damnatam aut mortuam.*) car on pourroit lui demander sur quoi il se fonde, *in quod aliquid resolvitur, ex illo constat*; & ainsi ces principes en auroient d'autres antérieurs, ce qu'il ne veut point admettre. Cependant il est bon de remarquer & de se souvenir qu'il donne cette substance visqueuse que le feu peut altérer, ou du moins qui peut en être repoussé au point de ne pouvoir plus à la fin être dégagé de la terre morte. Il eût été à propos d'appuyer ceci d'expériences plus exactes & plus détaillées, car le résultat seul ne suffit point pour prouver suffisamment ce que l'Auteur avance; cependant le pouvoir qu'a le feu d'agir sur cette matiere visqueuse peut fournir des réflexions sur ce sujet.

De plus Kunckel ne paroît point tirer une conclusion juste, lorsqu'il regarde comme incompréhensible, qu'un Soufre puisse en dégager ou en extraire un autre ; il est vrai qu'il parle du dégagement ou de l'expulsion, mais je ne vois point la nécessité de le regarder comme tel dans les circonstances dont il s'agit ; car il est dans l'opinion qu'il faut pour l'expulsion une substance d'une nature opposée que l'on ne doit pas supposer dans deux Soufres, parce que en tant qu'ils sont des Soufres, il ne différent point lés uns des autres, mais sont de la même nature loin d'être opposés. Quoiqu'il en soit c'est une question toute différente que de dire que dans les cas dont Kunckel parle un Soufre en dégage un autre. Dans tous les cas dont il s'agit il est évident que c'est principalement le feu ou le mouvement igné qui est le *dégageur* ; en effet ce seroit chercher bien loin que de recourir au chaud & au froid, (*calidum & frigidum*) pour expliquer la disposition qu'un charbon, l'amadou ou un fil de chanvre ont à s'allumer, & à se consumer peu à peu ; il faudroit pour cela faire venir le *frigidum* de l'air, & dire qu'il vient combattre le *calidum* qui est dans l'amadou ou dans le fil, & qu'il l'oblige à en sortir. Qui est-ce qui prendroit feu le premier dans un sel soufré ? ce n'est assurément point l'acide, quoiqu'il ne soit point extraordinaire de voir Kunckel tenir ce langage ; sans cela il y auroit du danger à approcher du feu un acide pur, tel que l'huile de vitriol, qu'il regarde avec raiſon comme tel ; cependant on peut le faire très-impunément: il faut donc qu'il y ait dans le Soufre une autre ſubſtance qui prenne feu, & cette ſubſtance ne doit point être le *frigidum*, mais elle doit être inflammable.

Cependant comme toutes ces dénominations employées par Kunckel ne s'apliquent à aucune ſubſtance corporellement ſenſible & propre à être reconnue & démontrée, en ſorte que cet Auteur pût dire voilà la même ſubſtance qui prend le feu, qui le conſtitue, le forme ou qui devient du feu, il eût été à ſouhaiter que Kunckel eût choiſi pour expliquer ſon ſentiment des ſubſtances corporelles, & propres à être reconnues par les ſens, & des exemples connus & journaliers, qui nous euſſent fait connoître beaucoup mieux la nature de la ſubſtance corporelle qui devient du feu, que toutes ces vûes abſtraites. Par ce moyen on eût pû aller au fond de la queſtion, & examiner ce qui en général eſt inflammable & mérite ce nom, & ce qui eſt de cette nature dans le Soufre minéral auſſi-bien que dans les métaux qui ſe brûlent dans le feu : enfin en dernier lieu l'on eût pu examiner si cet être ne se trouve jamais que dans un état d'inflammabilité ou propre à être consumé.

Je crois en avoir dit assez sur Kunckel; nous allons le quitter pour quelque tems afin d'examiner Beccher. J'ai déjà dit plus haut que cet Auteur me paroissoit avoir plus de netteté & de liaison; il est certain que je n'ai trouvé personne qui ait jetté plus de jour que Beccher sur ce que l'on appelle les principes Chymiques, & il a éclairci ses idées non par des imaginations subtiles, mais par des exemples sensibles & frappans, au point que je regarde ce qu'il en a dit comme des démonstrations complettes & indisputables. Les vérités qu'il nous a apprises peuvent aussi être appliquées d'une maniére très-simple & très-facile à ce qu'on appelle le Soufre; ce qui doit encore faire paroître plus surprenant que Kunckel ait regardé cet objet comme celui qui étoit le plus difficile à expliquer.

Voici donc l'état de la question. On ne peut point déterminer qui est-ce qui est le premier inventeur des principes Chymiques; quoiqu'il en soit, depuis Paracelse, tous les Chymistes ont prétendu que toutes les substances étoient composées de sel, de soufre & de mercure, & que c'étoient c'étoient là les élémens ou les principes de tous les corps. Il en arriva comme de toutes les questions de théorie, chacun raisonna à sa maniére, & ceux dont les idées étoient les plus grossiéres prétendirent tirer de tous les corps un soufre, un mercure coulant & un sel semblables à celles de ces substances minérales que l'on trouve communément & qui sont connues de tout le monde. Des personnes plus sensées s'en firent une idée différente & s'en tinrent à l'analogie, c'est-à-dire aux qualités non-seulement analogues, mais encore identiques; & ils regarderent le sel comme le principe de la concrétion solide & de la fixité; le Soufre comme le principe de l'inflammabilité & celui qui donnoit la couleur; & le mercure comme le principe qui donnoit la fusibilité, & qui rendoit les corps volatils sans se consumer. Ils regardoient ces principes comme dans un état pur & non mélangé, ou comme des parties élémentaires (*sub conceptu principiorum*), & non pas comme des corps composés de principes (*principiata*), dans lesquels on peut conjecturer des mélanges, des combinaisons, ou qu'un principe domine sur les autres.

Cela donna naissance aux principes multipliés des trois regnes, c'est-à-dire du régne végétal, du regne ánimal & du regne minéral; ce qui jetta de l'obscurité & de l'erreur sur la question; cependant on eût été heureux de s'en tenir là, & à la fin on seroit parvenu à ne faire qu'un principe du végétal & de l'animal, & on l'auroit comparé par analogie au régne minéral.

Ce fut au milieu de ces grandes spéculations que parut Beccher fort à propos; il regarda les anciens Inventeurs de ces principes comme des gens très-éclairés & très-profonds; mais il se fût fait encore plus de gloire si après avoir le premier imaginé ces principes, il n'eût pas laissé d'en faire honneur aux anciens.

C'est principalement au regne minéral que Beccher attribue ces principes ou élémens, & il prétend que tous les corps qui s'y trouvent sont composés de sel, de soufre, & de mercure; c'étoit aussi l'idée des anciens: mais il prétend qu'ils n'ont point été assez simples pour regarder comme un principe, aucun des sels minéraux connus, ni la substance minérale connue sous le nom de Soufre, ni le vif argent commun que l'on désigne sous le nom de mercure, & qu'ils n'ont point crû que ces corps étoient les élémens dont les métaux étoient formés & composés, ou que l'on pût les réduire en ces ſortes de ſubſtances comme en leur vrai principe. Becher va encore plus loin que perſonne n'a fait avant ou après lui, car il dit poſitivement que quand même on tireroit des métaux un ſoufre inflammable, un mercure coulant, & un ſel qui euſſent les propriétés des corps à qui l'on donne ces dénominations, cependant il ne faudroit point imaginer qu'une pareille ſubſtance ſe ſoit trouvée réellement & dans cet état dans les métaux, vû que de pareilles formes ne ſont données aux métaux, ou à leur vrai principe que par les matiéres que l'on y joint; & qu'un mercure de cette eſpéce ne ſe tire, ou ne s'extrait point ſimplement des métaux, mais s'y produit & s'y genere, *non ſeparando, ſed comparando, aut preparando: non educendo, ſed producendo efformatus*. C'eſt pour cela qu'il inſiſte toujours à dire que ces ſubſtances ne doivent point être regardées comme des principes ſimples, mais plutôt comme de vrais corps composés, *compoſita*.

Mais il va au but lorſqu'il dit que la vraie matiere, qui par ſa combinaiſon intime conſtitue un métal, eſt le même être qui met le mercure dans l'état de fluidité, qui donne au Soufre commun l'inflammabilité & la variété de ses couleurs, & qui donne au sel ce principe terreux si subtil qui le rend fusible au feu. Les anciens ont eu recours à cette dénomination, parce que ces élémens ou principes se trouvent d'une façon sensible, & même, pour ainsi dire, dominent dans les corps si connus que l'on appelle soufre, mercure, & dans les sels en tant qu'ils sont sels.

C'est à ces vrais principes qu'il assigne les différens effets & propriétés des métaux, & il dit que c'est le sel qui leur donne le volume, la pesanteur, la liaison, la solidité, la fixité au feu, & la fusibilité.

Le Soufre principe procure la couleur aussi-bien que la combinaison intime & exacte, il facilite la fusion & la rend plus parfaite au moyen de la chaleur du feu, parce que cet être est le plus susceptible du mouvement igné, & domine dans toutes les autres substances inflammables. En un mot, c'est ce principe qui constitue proprement l'essence du feu.

Le principe mercuriel est proprement ce qui constitue les métaux, ce qui les combine le plus intimement, ce qui leur donne de la liaison, de la ductilité & de la ténacité.

On dira peut-être que quoique ces choses soient très-bien imaginées, elles ne sont point aisées à démontrer. Je répons à cela qu'il est très-difficile & même impossible de démontrer ces choses immédiatement, & de mettre ces principes sous les yeux; & il n'est point douteux que Beccher ne soit demeuré en reste pour les preuves, sur-tout quand il dit à plusieurs reprises, qu'en faisant une combinaison exacte de matiéres salines très-déliées dont aucune ne contiendra la moindre portion de métal, & dans laquelle personne ne pourra en croire ou en soupçonner, on viendra à bout d'en tirer & d'en produire un métal; mais il renvoie pour cette opération au second livre de son Laboratoire ou de sa Physique qu'il n'a jamais publié.

Au reste quoique Beccher ait annoncé un grand nombre de vérités appliquables aux métaux, & par là ait donné beaucoup de poids & de vraisemblance à ce qu'il a avancé, il y a encore beaucoup d'autres faits clairs, simples & évidens, fondés sur l'expérience journaliere, qui prouvent sur-tout l'existence du principe sulfureux, & la grande variété des effets qu'il produit dans les métaux; ces faits peuvent tenir lieu de la démonstration la plus forte du ſentiment de Becher. Ces mêmes faits prouvent encore la différence qu'il y a entre connoître quelque choſe par les ſens, ou en acquérir la connoiſſance par la méditation & les réflexions ; & l'on voit par là que ſouvent on va chercher bien loin des choſes dont on a des exemples tous les jours ſous les yeux. Il n'eſt pas naturel de penſer que Becher, ainſi que tout autre homme, n'eût point eu occaſion de voir ces choſes, & ne les eût point connues ; mais il n'eſt pas ſurprenant qu'il n'en ait pas fait uſage, & qu'il ne les ait pas appliquées à ſes vûes, parce que ſouvent on ne fait pas attention aux choſes qu'on a ſous les yeux, parce qu'elles ſont trop connues, & parce qu'on ne ſoupçonne pas qu'elles puiſſent procurer ce qu'on demande.

Il y a actuellement vingt ans que j'ai publié dans mon Traité de la *Zimotechnie*, des idées qui m'étoient déjà venues dix ans auparavant ; & comme le frontiſpice l'annonce, j'y ai donné une expérience nouvelle pour faire par art le Soufre de la même maniére qu'il ſe forme dans les filons des mines. J'ai repouſſé toutes les contradictions & les querelles que l'on m'a faites à ce ſujet, dans quelques feuilles d'obſervations qui paroiſſoient alors tous les mois ; & comme ces disputes étoient sans fin, j'en ai encore parlé dans mon *Specimen Becherianum*, où je crois avoir donné parmi les expériences, assez d'éclaircissement sur le principe sulfureux ; & enfin dans une dissertation *de Anatomiâ artificiali sulphuris*, j'ai encore répété l'expérience pour des raisons particulieres. Mais comme ces ouvrages qui sont en latin ne sont point entre les mains de tous les curieux, & comme le but que je me propose actuellement est d'entrer dans le détail le plus exact des principes des Chymistes, cette matiére exige les preuves les plus claires & les plus circonstanciées, & je ne me ferai point une peine de répéter ici des choses que j'ai déjà dites ailleurs.

La premiere chose qui se présente à examiner par rapport au principe sulfureux, c'est 1°. sa propriété relativement au feu.

2°. La propriété qu'il a de colorer.

3°. Sa combinaison intime avec d'autres substances subtiles.

4°. La façon dont il se comporte relativement à l'eau & à l'humidité.

5°. Son étonnante division & atténuation.

6°. Sa nature, soit dans l'état de solidité, soit dans l'état de fluidité.

7°. Où il se rencontre.

D'après ces circonstances & ces points de vue, je crois être fondé à dire que *premiérement*, relativement au feu, ce principe sulfureux est non-seulement un être approprié au mouvement igné, & même celui qui y semble uniquement destiné; mais encore, à parler raisonnablement, ce principe est le feu corporel, la vraie matiere du feu, le vrai principe de son mouvement dans toutes les combinaisons inflammables; cependant hors de la mixtion il ne donne point de feu, il se dissipe & se volatilise en particules invisibles, ou du moins il produit simplement de la chaleur qui est un feu invisible & très-divisé.

D'un autre côté il est important d'observer que cette matiére ignée par elle-même, & sans le concours de l'air & de l'eau, ne se trouve ni atténuée ni volatile; mais lorsqu'elle a été une fois atténuée & volatilisée par le mouvement du feu, & par le contact de l'air libre, alors elle est d'une subtilité & d'une dilatation qui la rendent méconnoissable à tous les sens, au point qu'il n'y a plus moyen de la reconnoître, de la rapprocher ou de la rassembler, sur-tout si cela devoit se faire promptement & en grande quantité. Il sera à propos de rapporter une expérience qui prouvera à quel point de division & de subtilité le mouvement du feu est capable de porter cette matiére, & cette expérience fournira un vaste champ aux réflexions.

D'après toutes ces circonstances réunies j'ai jugé que l'on ne pouvoit donner à cette matiere de nom plus convenable que celui de la matiere ou du *principe inflammable* : en effet comme jusqu'ici on ne l'a pu trouver ni reconnoître nulle part sans qu'elle fût combinée, & que par conséquent on ne peut point en donner de définition ni lui donner une dénomination d'après quelque propriété qui lui convienne uniquement, il me semble que rien n'est plus raisonnable que de la nommer d'après les effets généraux qu'elle produit même dans ses dernieres mixtions, voilà pourquoi je lui donne le nom Grec de *Phlogiston*, phlogistique ou inflammable.

Malgré cette propriété, un phénomène très-digne d'être remarqué, c'est que cet être tant qu'il se trouve dans une liaison propre à frapper les sens, ne peut point être détruit par le feu & ne peut point en être dissipé, mais résistera à la plus grande violence du feu, & n'y subira aucun changement lorſque l'air libre ne pourra point l'entraîner.

*Secondement*, quant à ſa couleur, il eſt certain qu'on peut du moins prouver *à poſteriori* que ce principe ſulfureux cauſe & produit plus ou moins de couleurs dans toutes les ſubſtances dans la compoſition deſquelles il entre, ou auxquelles il ſe joint d'une façon ſenſible. C'eſt ce que prouveront clairement les exemples que je rapporterai par la ſuite.

*Troiſiemement*, à l'égard de la combinaiſon intime de ce principe avec d'autres ſubſtances, je rapporterai des exemples qui prouveront dans quel état de ſubtilité & de diviſion cet être ſe trouve incorporé, par exemple, dans le Soufre commun, & à quel point cet être peut s'étendre, comme on peut en juger par quelques ſubſtances végétales colorantes, telle que le Saffran, ce qui mérite bien d'être remarqué.

*Quatriemement*, pour ce qui eſt de l'odeur, une infinité de ſubſtances végétales odorantes rendent très-vraiſemblable que leur odeur eſt dûe à ce principe inflammable. D'ailleurs la fumée & l'odeur de ce qui brûle ſe porte au loin, & ſe fait ſentir à l'odorat & au goût, ce qui contribue auſſi à prouver la ſubtilité de cet être.

*Cinquiémement.* Il eſt vrai que cet être n'a guère de diſpoſition à s'unir avec l'eau, cependant dans les végétaux il s'unit aſſez avec la partie aqueuſe, au moyen d'une ſubſtance ſaline très-ſubtile; à quoi contribue ſur-tout la longueur du tems de la croiſſance & de la parfaite maturité. Nous en voyons une preuve dans les huiles les plus volatiles & ténues, & par les eſprits ardens que produit ſur-tout une longue fermentation. D'un autre côté, c'eſt un problême qui juſqu'ici n'a point encore été réſolu, que de réunir & de combiner de nouveau par le moyen de l'art cet être avec la partie aqueuſe, quoiqu'on puiſſe le dégager des huiles avec la plus grande facilité.

*Sixiémement.* Un grand nombre d'exemples prouvent ſenſiblement que quoiqu'il ſoit très-difficile de combiner ce principe avec l'eau, & quoiqu'il ſoit très-aiſé de l'en dégager, il ne laiſſe pas de ſe combiner très-facilement & très-étroitement par toutes ſortes de voies avec les ſubſtances ſolides, d'où l'on voit qu'il a ſur-tout de la diſpoſition à prendre une forme ſolide & concréte. Beccher a donc eu raiſon de dire que c'étoit un être terreux, ſec de ſa nature, & très-propre aux combinaiſons ſolides.

*Septiemement.* Enfin il est question d'examiner où ce principe se trouve ; on voit par ce qui précéde, que tous les corps mixtes contiennent sensiblement une portion plus ou moins grande de cette substance, & cela dans ce qu'on appelle les trois régnes de la nature, c'est-à-dire, dans les végétaux, les animaux & les minéraux ; les corps des deux premiers régnes renferment sur-tout ce principe en une très-grande abondance, & toutes leurs parties en sont pénétrées & sont intimement combinées avec lui, à l'exception de la partie âqueuse, qui elle-même n'en est pourtant point entiérement exempte tant qu'elle est renfermée dans ce corps : mais le principe inflammable domine dans les substances grasses de ces deux régnes. A l'égard du regne minéral, il n'y a que l'eau, le sel commun, le sel vitriolique pur, le sable & les pierres où ce principe ne se remarque que peu ou point ; d'un autre côté, le charbon de terre & le bitume en sont abondamment pourvûs ; pour le Soufre il en est rempli, non pour le poids, mais pour le nombre de ses particules infiniment déliées. Il ne se trouve pas moins dans les métaux imparfaits & inflammables, ainsi que dans ceux que l'on appelle des substances métalliques non mûres.

Un phénomene remarquable est l'uniformité que ce principe montre évidemment dans ces trois regnes de la nature, au point qu'il passe immédiatement sans nulle difficulté & en un instant, du régne végétal & du régne animal dans le regne minéral & dans les substances métalliques.

D'un autre côté ce même principe du regne minéral est reçu dans les végétaux, quoique dans quelques especes ce passage s'opére très-lentement; de plus il y a bien de l'apparence que ce principe passe encore de l'air dans les plantes, comme plusieurs observations peuvent le faire conjecturer. En effet tout le monde sçait que les plantes huileuses & résineuses ne croissent nulle part mieux que dans des terreins arides & sablonneux, elles ne s'accommodent point d'un terrein gras & humide, & il ne leur faut qu'un fumier leger spongieux formé par le bois pourri, qui ne serve qu'à diviser le sable & à le rendre poreux. Les différentes especes de pins & de sapins, qui sont très-chargés de résine, viennent non-seulement dans du sable pur, mais croissent même sur un grais tendre dans lequel leurs racines forment des fentes, & ne réussissent point dans une terre grasse & humide. Ces arbres étendent leurs racines près de la surface de la terre, & les plus grands arbres n'en ont qu'un très-petit nombre qui s'enfoncent de 3 ou 4 pieds ; cela n'empêche point que leurs racines ne soient remplies de résine, ainsi que leurs feuilles & leurs pommes. Personne ne pourra imaginer que cette substance vienne simplement d'un sable aride & desséché, il paroît beaucoup plus probable qu'elle passe dans ces végétaux de l'athmosphère qui s'en remplit par la fermentation que subissent les feuilles qui en sont tombées, & qui en pourrissant pendant l'autonne & le printems portent dans l'air, ainsi que les huiles, les bois & les charbons brûlés, une quantité considérable de ce principe inflammable dégagé & dans son état de pureté & de simplicité primitives. Alors ce principe s'insinue sous la forme de vapeurs, ou bien il est porté dans les végétaux au moyen de la partie saline subtile dont on sçait que l'air est suffisamment pourvû ; d'ailleurs personne n'ignore que la rosée ne contribue beaucoup à accélerer la croissance des végétaux.

Il est certain que les végétaux sont des êtres dans lesquels la circulation ou la croissance qui recommence toujours de la semence, porte & élabore perpetuellement la mixtion grasse; c'est un travail qui n'appartient qu'à la nature. L'art ne peut point parvenir à l'imiter, & toutes les subtilités des Physiciens sont des choses dont les Chymistes ne peuvent point se payer.

Comme les animaux vivans tirent originairement leur nourriture des végétaux, puisque les animaux carnivores se nourrissent surtout des frugivores, il est aisé de voir d'où ils tirent en général leur partie grasse, vû que les végétaux les plus nourrissans & les plus propres à engraisser les animaux, sont ceux qui abondent le plus en parties grasses étroitement combinées; tels sont les grains & les noyaux laiteux; ce qui ne demande ni preuves ni réflexions profondes.

Je vais donc continuer à parcourir les preuves tirées de la pratique & de l'expérience, & je citerai pour exemple les résines; nous en avons sous nos yeux telles que celles des Pins & des Sapins, des graines huileuses; & nous voyons celles des pays exotiques, telles que le mastic, l'encens, la myrrhe, la résine animé, le camphre, &c. ainsi que dans les bois de Gayac, de Rhode, &c. Il y a de la différence entre les matieres grasses qui se trouvent dans les végétaux, en effet il s'en trouve une plus grossiere & mêlée d'une plus grande quantité de substances aqueuses, elle est connue sous le nom d'huile par expression, ou d'huile essentielle & distillée.

Mais qui est-ce qui pourroit imaginer que dans l'huile la plus lympide, la plus fluide & la plus volatile, ce soit une substance solide, opaque, qui sans le contact de l'air, résiste à la violence du feu, nullement volatile, qui la constitue huile, ou qui en fait un mixte propre à s'enflammer ?

Il y a déja environ trente ans que j'ai proposé ce problême, & je m'en suis quelquefois servi pour embarrasser ceux qui prétendent expliquer à force de subtilités les effets chymiques; je leur demandois comment il pouvoit se faire qu'une huile essentielle, distillée, très-pure, sans y joindre aucune substance corporelle, puisse être dénaturée & décomposée en un instant, au point que l'on pût voir clairement que sa transparence, son humidité, sa fluidité & sa volatilité étoient dues en grande partie à de l'eau toute pure, & que le principe inflammable qui y étoit combiné, étoit une substance solide, très-opaque, & capable de résister au feu le plus violent; & quoique cette substance contribue très-peu à son poids, elle ne laisse pas de présenter à l'œil une très-grande masse, & de donner une couleur très-extensible.

Lorsque j'ai proposé ce problême, je puis dire avec vérité que je n'ai trouvé personne qui fût en état de le résoudre; quelques gens en ont regardé la solution comme impossible, d'autres ont cru que c'étoit une prétention chimérique. Cela m'a prouvé que l'on alloit souvent chercher bien-loin des choses qui sont sous nos yeux. Quand je jugeai à propos de donner la solution de mon problême, je mis simplement de l'huile de Thérébentine dans une cuiller, je l'allumai à une bougie, & je reçus la suie qui s'en élevoit dans une cuiller placée au-dessus de la premiére; par-là je démontrai la possibilité de mon problême, & je fis voir que la vérité est toujours simple.

On voit que cette expérience prouve parfaitement toutes les circonstances que j'ai rapportées, & il y a peu de gens qui ne sachent point que cette suie, placée dans un vaisseau bouché exactement de maniere que l'air ne puisse ni y entrer ni en sortir, peut se soutenir dans le feu le plus violent, sans rien perdre de sa substance.

On ſent auſſi très-aiſément que cette ſuie étoit pourtant le vrai principe de la graiſe & de l'inflammabilité. En effet, pour s'en aſſurer, l'on n'a qu'à prendre ce noir de fumée, ou cette ſuie, la preſſer dans un creuſet que l'on couvrira, la faire rougir pour en dégager la portion d'huile inflammable qui s'y trouve ; on vuidera enſuite le creuſet, on l'allumera avec un morceau de bois enflammé ; peu à peu cette ſuie ſe diſſipera inſenſiblement, & diſparoîtra ſans qu'on ſache ce qu'elle peut être devenue.

Les expériences qui viennent d'être rapportées, prouvent d'une façon très-ſimple une vérité que Beccher s'eſt donné beaucoup de peine à démontrer, ſavoir que la matiere qui principalement & originairement eſt propre à l'inflammation, eſt terreuſe & ſolide, & n'eſt point volatile par elle-même dans le ſens ordinaire. Il faut d'abord que cette ſubſtance qui ſe trouve ſoit dans la terre ſoit dans l'air ſous une forme ſolide, ſe combine peu à peu avec un corps aqueux & humide, dont il puiſſe enſuite être dégagé très-rapidement par un mouvement ſubtil qui lui appartient en propre.

Il eſt vrai qu'il y a une autre expérience par laquelle on peut ſéparer des huiles obtenues par la diſtillation, une eau inſipide, ou faire que ces huiles laiſſent en arriere leur partie inflammable, & même en réïtérant les opérations, ces huiles paroiſſent avoir été entiérement converties en eau; cela peut ſe faire au moyen des ſels cauſtiques qui attirent fortement l'eau, auſſi-bien que par des terres, des cendres & des chaux, ſur-tout quand elles ſont métalliques; cependant ces moyens ſont pénibles, de longue haleine, & ſujets à beaucoup d'inexactitudes, & l'on eſt fort embarraſſé de ſavoir ce qu'eſt devenu ce qui mettoit ces ſubſtances dans l'état d'huile, & les propriétés qu'elles ont acquiſes par ces opérations: & la choſe au lieu de s'éclaircir, devient encore plus embrouillée.

L'expérience que je regarde comme la meilleure, eſt celle que Kunckel a rapportée dans ſes premieres Obſervations; elle conſiſte à mêler enſemble de l'huile de thérébentine avec de l'huile de vitriol, de mettre ce mélange en diſtillation: alors il reſte en arriere non-ſeulement une ſubſtance terreuſe fixe, mais encore quand l'opération a été bien faite, il reſte un vrai ſable très-délié. Mais cette opération demande à être faite avec ſoin, ſans cela il ne ſeroit pas ſurprenant qu'on n'eût point de succès : il faut que l'huile de vitriol soit d'une bonne qualité, & que le mélange se fasse lentement, & la distillation avec précaution. On trouvera de l'avantage à laisser ces deux huiles pendant quelque tems dans un vaisseau découvert, de maniére qu'un des vaisseaux serve de couvercle à l'autre, par ce moyen l'huile de terébenthine se changera en une espéce de poix cassante, sur-tout si on la met en évaporation à une chaleur douce. Outre cela, on n'obtient qu'une petite quantité de résidu qui ne doit point être attribuée à l'huile essentielle seule, mais il vient aussi de la terre subtile de l'huile de vitriol. Nous aurons encore occasion de parler de cette même expérience, lorsque nous examinerons le Soufre ; je me contenterai donc d'observer ici que de même que la volatilité de cette huile essentielle lorsqu'elle est exposée au feu, vient de l'eau avec laquelle elle est unie, c'est aussi à l'eau qu'il faut attribuer sa faculté de former une flamme qui s'étend : cela se fait d'une maniere très-simple. En effet l'eau est mise en expension par le mouvement rapide du principe inflammable, & par-là elle étend ou met aussi en expension la partie inflammable qui est allumée. C'est pour la même raison qu'une huile essentielle, trop échauffée dans un vaisseau fermé le brise ; l'eau pure mise en expension, & réduite en vapeurs, produit le même effet, au lieu que le principe inflammable n'est point propre par lui-même à se dilater, ou n'a point d'élasticité. Observation dont on sentira l'utilité, lorsqu'on traitera du salpêtre.

L'expérience qui a été rapportée, sert à démontrer l'effet colorant du principe inflammable, puisqu'en se dégageant de la mixtion qui constitue l'huile, il se montre sous une couleur très-noire. Sur quoi il ne faut point oublier de remarquer que de même que cette substance se dégage de l'huile, où l'on auroit le moins lieu de la soupçonner, elle se dégage aussi en grande abondance des parties grasses des animaux & des végétaux, & se montre sous la forme d'une suie. Pour juger à quel point cette matiere colorante s'étend, on n'aura qu'à en mêler une portion foible pour le poids, & l'on verra qu'elle sera en état de percer au travers d'une masse considérable de quelque matiere blanche que l'on aura triturée avec elle ; quoique ce mélange avec quelque soin qu'on l'ait broyé, soit encore dans le fond un corps grossier, dans lequel les petites molécules colorantes très-subtiles sont cachées par les particules non colorées qui ſont plus groſſieres.

On aura un exemple d'une diviſion encore plus grande, ſi on réduit en une poudre très-fine du verre de plomb fort tendre, compoſé de quatre ou cinq parties de minium, & d'une partie de cailloux blancs pulvériſés & enſuite fondus parfaitement; enſuite qu'on précipite avec du vinaigre diſtillé du Soufre qui a été diſſout dans une forte ſolution de ſel alcali; & tandis que l'effervefcence durera encore, on n'aura qu'à étendre ce verre en poudre blanche ſur un morceau de toile fine, mais ſerrée, que l'on tiendra au-deſſus du vaiſſeau dans lequel on aura fait la précipitation, & l'on remuera doucement la poudre; la vapeur ſubtile qui s'éleve, ſuffira pour rendre cette poudre d'un brun noirâtre; & même ſi on étend cette poudre ſur un papier,& que l'on faſſe la précipitation qui a été dite dans une jatte de porcelaine que l'on aura placée à côté, pour peu que la vapeur, qui, quoiqu'inviſible, eſt d'une odeur très-forte, vienne à frapper cette poudre, ou pour peu qu'on la faſſe aller par-deſſus en ſoufflant, elle la rendra ſur le champ d'un brun noir.

L'expérience de l'encre de ſympathie, fournit encore un exemple frappant de la même chose. Il s'agit de prendre de l'orpiment que l'on fera bouillir avec de la chaux & de la potasse; on fera aussi bouillir de la litharge dans du vinaigre, & on écrira avec cette composition qui est très claire sur une feuille de papier que l'on mettra au milieu d'une main d'autre papier; alors on se servira d'une éponge trempée dans la dissolution d'orpiment pour en frotter un côté de la derniere feuille de la main de papier : au bout de quelques instans, on s'appercevra que la vapeur déliée qui part vient à bout de pénétrer les vingt-quatre feuilles de papier, & de noircir la petite portion imperceptible de plomb qui est contenue dans l'écriture qu'on aura tracée. La même chose arrive, sur-tout à l'aide d'un sel volatil qui produira un effet tout semblable au travers d'une planche fort épaisse. Ces effets, ainsi que la propriété que le Soufre a de noircir l'argent, viennent principalement de la substance inflammable qu'il renferme, attendu que ces autres principes n'ont rien qui soit propre à opérer de pareils phénoménes.

Une autre propriété que l'on connoît au Soufre, c'est que lorsqu'il est dissout ou divisé par différents sels ou par des huiles, il présente une couleur rouge. Qu'on prenne des cendres récentes de bois de bouleau, on les humectera avec de l'eau, au point de pouvoir en former des boules de la grosseur d'une pomme; on les fera sécher à une chaleur modérée, ensuite de quoi on les fera rougir à la flamme d'un feu fait avec le même bois; on les mettra ensuite à bouillir tandis qu'elles seront encore toutes chaudes dans de l'eau pure; on décantera l'eau dans laquelle ces boules auront bouilli, & on la fera évaporer jusqu'à une consistence épaisse : cette eau deviendra si caustique qu'elle divisera de la laine au point de la réduire en gelée, & dissoudra même à froid le Soufre en poudre qu'on y jettera. Lorsque cette lessive alcaline aura mis en dissolution un quantité suffisante de Soufre, elle sera rouge; mais elle deviendra d'un rouge vif, tel que celui des grenats, si on la met dans une phiole que l'on tiendra en digestion dans de l'eau chaude. Il ne faudra point faire cette opération dans un lieu où il y aura de l'argenterie, ni dans un endroit que l'on soit obligé de fréquenter, vû qu'il en sera totalement infecté. Quand la digestion a été longue & s'est faite à grand feu, il se dépose une poudre noire & légere, qui redevient blanche lorsqu'elle a été édulcorée & sechée ensuite.

Lorsqu'on met en digestion à chaud

du Soufre en poudre, ou des fleurs de Soufre dans de l'huile d'anis, elle devient d'un rouge vif & foncé; & une goutte de cette huile est capable de colorer sensiblement un volume considérable d'esprit ardent.

Comme tous les sels que l'on nomme alcalis fixes, & comme toutes les Huiles distillées ne prennent point un rouge aussi vif avec le Soufre, on croira peut-être qu'il est incertain si cette couleur est dûe au Soufre ou aux sels. C'est sur cela que Kunckel a sur-tout fondé ses doutes; & quoiqu'il ne soit pas communément d'accord avec les Physiciens exacts, il regarde pourtant comme eux les couleurs comme des réflexions & des réfractions des rayons de la lumiere, & conséquemment il ne les regarde pas comme quelque chose de corporel : mais peu accoutumé à donner des explications exactes ou à faire des réflexions profondes, il appelle les couleurs, des jeux de la nature, (*lusus naturæ*); & lorsqu'on suit son raisonnement, on voit qu'il attribue les couleurs aux sels, & qu'il ne distingue point les couleurs apparentes qui sont dûes à la position des corps, (*à positu corporis*), de celles qui sont vraies & inhérentes aux corps, qui dépendent du tiſſu & de l'arrangement ſolide de leurs parties, qui lorſque la lumiere vient les frapper, ſe montrent conſtamment les mêmes; & qui par conſéquent priſes ſolidairement, & dans la plus petite quantité, ſont la matiére qui conſtitue la couleur, (*materiale coloris*); cependant il n'eſt pas douteux que c'eſt la différente incidence, la réflection & la réfraction des rayons de la lumiere qui eſt leur cauſe formelle, (*formale*); au lieu que les couleurs apparentes ne viennent que de l'arrangement accidentel d'un grand nombre de Molécules; elles ſont fondées plutôt ſur leur mélange que ſur leur combinaiſon, auſſi ſont-elles ſujettes à changer & à diſparoître. Il s'en faut de beaucoup que Kunckel ait allégué des preuves ſuffiſantes de ſon opinion qui attribue les couleurs aux ſels[q], & les regarde comme des jeux de la nature, par où il entend pourtant au fond les couleurs apparentes, ou ce qu'on nomme *emphaticum*. Il eſt vrai qu'il s'appuie ſur ce que les eſprits ardents, le vinaigre, les alcalis volatils, auſſi-bien que les alcalis fixes, le nitre, &c. produiſent des couleurs quand ils ſont ſubtilement mêlés avec d'autres ſubſtances; mais il nie que ces sels ou ces substances avec lesquels ils sont mêlés, contienne réellement & corporellement une matiere colorée ; il ne veut point non plus tomber d'accord que le nitre renferme une vraie substance sulfureuse prise dans le sens propre ; ce que je puis lui accorder moins qu'à tout-autre. En effet la formation du Salpêtre que l'on voit clairement être dûe à la putréfaction, & par conséquent qui exige nécessairement une matiere grasse, auroit dû lui faire naître d'autres idées, sur-tout après avoir prouvé dans ses Observations, par une expérience très-belle, que l'on peut tirer une quantité sensible de nitre de l'urine putréfiée ; & d'un autre côté il n'a point pensé à recourir au nitre de l'air qui est le cheval de bataille de ceux qui pêchent l'air

Si Kunckel eût pris une forte teinture faite avec l'esprit ardent le plus rectifié, & par conséquent très-chargé d'huile, sur-tout lorsqu'il est anisé, & avec un alcali fixe très-caustique, qu'il eût mis cette teinture à distiller doucement pour en dégager l'esprit, & que par ce moyen il eût obtenu une certaine quantité d'une liqueur rouge & épaisse ; eût-il pû regarder comme un simple jeu de la nature, la couleur qui auparavant étoit étendue dans toute la masse de l'esprit ardent, ou celle qui étoit rapprochée dans ce résidu?

Le même Kunckel avoit remarqué au même endroit que les alcalis caustiques deviennent d'un verd bleuâtre, lorsqu'on les fait rougir pendant long-tems, & encore plus promptement lorsque la flamme vient les frapper; effet qu'il attribue avec beaucoup de raison à une matiere subtile qui vient du feu & même à la poussiere des charbons, par où il reconnoît quelque chose de corporel dans cette couleur, & une substance de la nature de celle que l'on nomme communément sulfureuse, & qui contient réellement le premier principe de l'inflammabilité ou le *principium igneitatis*. Kunckel a lui-même dans son Laboratoire Chymique très-bien distingué les calcinations qui se font au feu de flamme, de celles qui se font au feu de charbon, ce qui auroit dû l'empêcher de décider sans réflexions, & il auroit pû être conduit par l'expérience du minium qui a déja été rapportée, & par l'incinération des métaux qu'il vante si fort. Il auroit encore pû être conduit à ces réflexions par le procédé d'Isaac le Hollandois qu'il vante avec raiſon, & qui eſt le réverbere des anciens, auſſi-bien que Beccher qui a été conduit par le travail au feu de charbon à la ſublimation de Geber, qui eſt peut-être auſſi celle d'Iſaac le Hollandois. Mais il eſt certain que quand on fait des recherches exactes, il faut embraſſer un très-grand nombre d'objets avant que de pouvoir porter un jugement déciſif & conſtant.

Kunckel a eu très-grande raiſon de faire remarquer que dans un grand nombre de combinaiſons, & ſur-tout dans les couleurs qui entrent dans la verrerie, il y a beaucoup de couleurs qui ne ſont qu'apparentes ; cela n'empêche point qu'il n'y ait toujours de la différence entre la couleur elle-même, & le corps qui la donne ou qui la cauſe, & entre les variations que cette couleur éprouve ; & il faut dans ce cas abſolument diſtinguer les couleurs inhérentes, (*immanentes*), de celles qui ne ſont qu'émanées, (*emanantes*), & il ne faut point confondre les propriétés (*propriæ affectiones*), avec les ſimples modifications, (*focii effectus*) ; mais tout le monde n'eſt pas toujours à portée de faire ces diſtinctions.

Ce qui vient d'être dit ſur la couleur de ce principe inflammable ſulfureux

& igné, doit suffire, d'autant plus que nous aurons occasion d'en donner encore par la suite d'autres preuves & d'autres expériences.

Quant au troisiéme point principal, qui est la diversité des combinaisons du principe inflammable, il est aisé de la démontrer par des expériences; cependant il est à propos d'expliquer plus clairement la regle établie par Kunckel, vû qu'il s'énonce incomplettement, lorsqu'il dit *in quâ aliquid resolvitur, ex illis constat.* En effet, quoique cette regle soit vraie, il sera encore plus exact de dire, *equibus aliquid fit, & in eâdem iterum resolvitur, ex illis constat.* Je me flatte que personne ne doutera de la vérité de cette proposition, dont le premier membre ne semble avoir été omis que parce que ce n'est point une chose si aisée de faire ou de composer un corps, & ensuite de faire voir les mêmes principes lorsqu'on en a fait la décomposition, comme de montrer les parties dont il étoit composé.

Comme la combinaison intime du principe inflammable ne se trouve nulle part *in fieri*, en si grande abondance & si constamment que dans les végétaux, attendu que dans les substances minérales cette combinaiſon eſt déja toute faite, (*in facto*), il y a lieu de croire que dès les commencemens de la formation de la matiere huileuſe ou réſineuſe, il a fallu qu'il s'y joignît quelque ſubſtance qui fît proprement devenir la graine ce quelle eſt, & qui s'y joignît corporellement. En effet, quoique cela ne puiſſe ſe démontrer d'une façon ſenſible & palpable, on peut cependant conclure par induction que le nitre a plus de diſpoſition que tous les autres ſels à faciliter & accélérer la croiſſance des végétaux. Kunckel & beaucoup d'autres pourroient demander à ce ſujet ſi le principe inflammable peut être démontré dans le nitre ; queſtion qui ne ſerviroit qu'à rendre la difficulté encore plus compliquée au lieu de la réſoudre. Mais je me contenterai d'en appeller au témoignage de tous les habiles Jardiniers ; ils ſçavent combien il eſt avantageux de joindre convenablement du tartre & des lies de vin nouveau ou de vin qui a achevé de fermenter aux Orangers & aux Citronniers, & à quel point ces ſubſtances facilitent & accélerent leur croiſſance.

Perſonne ne peut donc douter que ce ſel ne contienne une grande quantité de matiere graſſe & huileuſe. On trouve la même chose lorsqu'on mêle du sel avec de la chaux vive, qu'on éteint ensuite cette chaux avec de l'eau, & qu'ensuite on la fait rougir fortement, sur-tout à un feu de flamme, en faisant en sorte que la fumée & la suie viennent s'y joindre; alors on mêlera cette matiere calcinée avec du jus de fumier épais, & on la remêlera avec d'autre terre dans laquelle on placera des plantes. Il en sera de même, si à l'entrée de l'hiver on mêle du sang de Bœuf ou d'autres animaux tout frais, avec de la terre, si on laisse gêler cette terre pendant l'hiver, & si ensuite vers l'été on joint ce mêlange avec d'autre terre légere.

Je ne prétends pas nier que la partie saline ne soit pour quelque chose dans ces effets, & je ne la passerai point sous silence; cependant Kunckel a là-dessus un sentiment particulier, & il prétend qu'il n'y a point de sel réel dans les plantes, que ce n'est que par un nouveau mouvement subtil & même par un mouvement violent qu'il est formé & préparé; par conséquent il sera plus à propos de traiter cette matiere plus clairement lorsqu'il sera question des sels, où ce sera le vrai lieu d'en parler.

suffit actuellement de dire que toute l'utilité que les sels procurent à la croissance des plantes, consiste principalement à se charger de l'humidité, & pour ainsi dire, à l'attirer pour la porter ensuite aux végétaux. Voilà pourquoi ces sels ne doivent être ni grossiérement acides, ni caustiques, lorsqu'on ne veut point s'exposer à souffrir de la perte au lieu de profit; au contraire la matiere grasse jointe avec des sels convenables, est ce qui agit principalement, & porte aux végétaux une matiere qui est ensuite unie & incorporée avec toutes leurs parties les plus intimes.

En effet, lorsqu'on brûle des plantes ou quelques-unes de leurs parties à feu nud & sur-tout dans les vaisseaux fermés, on voit clairement qu'il passe à la distillation une portion de matiere grasse, & que dans le résidu, qui est un charbon, il reste une grande quantité de matiere inflammable, qui ne peut en être dégagée qu'en les brûlant à l'air libre.

La même chose arrive visiblement aux animaux par le moyen des végétaux dont ils se nourrissent; c'est ce que prouve clairement le beurre; & le petit-lait fournit en même tems une preuve de la présence d'une substance saline.

Comme ces faits prouvent d'une maniere satisfaisante la premiere partie de la regle que nous avons établie, sçavoir que la partie grasse & inflammable est produite par un principe corporel de cette nature, ou s'en forme en tant qu'elle est grasse & inflammable, & que l'on peut la décomposer & en séparer visiblement la partie grasse & inflammable, comme le prouve l'expérience de la suie, tandis que l'autre portion reste, comme tout le monde sçait, dans les charbons ; il ne reste plus qu'à faire voir par des expériences que la même chose arrive dans les combinaisons du regne minéral.

On ne doit point être surpris que plusieurs Auteurs de Chymie n'ayent pas fait attention à ces vérités ; mais on a pourtant sujet d'être étonné que Becher & Kunckel, ces deux hommes si versés dans la pratique, & si capables de réflexions profondes, n'ayent pas fait plus d'attention à la combinaison la plus simple du Soufre ordinaire. Kunckel dans son *Laboratoire Chymique* page 429 & page 361, prétend que la préparation artificielle du Soufre est un si grand secret, qu'il n'est pas juste de le découvrir. J'en ai déja dit la raison ; c'est qu'on va ordinairement chercher bien loin ce que l'on a tout auprès de soi ; mais rien n'est si propre à conduire à des découvertes & à faire naître des idées, que de travailler par soi-même. Je me citerai pour exemple, & je vais rapporter fidèlement comment j'ai été conduit à la connoissance du sujet dont il s'agit.

J'avoue qu'il y avoit plus de quarante ans que je connoissois l'expérience de Glauber, sans y avoir pensé davantage. J'avouerai de plus que même dix ans après j'ignorois encore qu'il y eût une substance alcaline dans le sel commun : car quoique l'alcali ne contribue en rien à la production du Soufre qui se fait, on est cependant toujours dans le doute s'il n'y entre point pour quelque chose. Mais comme je m'étois proposé de faire différentes expériences sur les alcalis chargés de Soufre, dont Kunkel parle encore d'un ton fort mystérieux dans son *Laboratoire Chymique*, page 687, & voulant m'en servir pour faire des essais sur le départ ou la séparation de l'or & de l'argent par la voie séche que le même Kunckel semble avoir en vûe à la page 463 du même ouvrage, je fis dissoudre la scorie de la réduction de l'argent en la faisant détonner avec le nitre, ce qu'il faut bien se garder de faire pendant la fusion, & j'y trouvai une assez grande quantité d'une substance terreuse en poussiere. Il me vint dans l'idée d'examiner alors si en réitérant la réduction de ce sel, il n'y auroit pas moyen d'en précipiter encore quelque chose.

Comme il y avoit déja long-tems que je connoissois l'étiologie des réductions métalliques par la matiere inflammable des charbons, je mêlai cette scorie saline avec du charbon en poudre, & je la fis fondre de la maniere que je sçavois être convenable. Après avoir vuidé mon creuset, je ne trouvai point de régule métallique, mais le tout étoit devenu d'un beau rouge de sang. Comme je sçavois quelle étoit la couleur du foie de Soufre, dont je m'étois souvent servi dans ces sortes d'opérations, je devinai bien-tôt ce que je voyois. J'avois pris de l'alcali, je l'avois fait fondre avec du Soufre, & je l'avois fait détonner avec du nitre; mais la détonnation du Soufre & du nitre n'avoit pas pu se faire assez exactement, pour qu'il ne fût point resté une portion de son acide unie avec l'alcali du nitre, comme je l'avois fait, voir déja à plusieurs de mes amis, & comme je le leur avois démontré en le faisant redissoudre & cristalliser de nouveau. Je ne retrouvai plus mon acide du Soufre qui étoit demeuré dans l'alcali, car il attira l'humidité aussi-tôt qu'il se fut un peu refroidi; j'eus de l'alcali, & d'un autre côté l'acide du Soufre étoit redevenu du Soufre. Je sçavois bien que les charbons que j'y avois mêlés n'étoient point du Soufre, mais je n'ignorois pas qu'ils continssent une portion considérable de matiere subtile & inflammable. J'avois donc encore retrouvé une substance inflammable combinée avec un acide de la même nature que celui qui est dans le Soufre, & qui s'étoit trouvé arrêté dans mon sel en question. Je fus obligé d'en demeurer là; & je puis déclarer avec vérité qu'il ne me vint nullement dans l'esprit que cette substance ne fût point un vrai Soufre; je crus que c'étoit un Soufre végétal, ou analogue, ou terrestre; mais je me tins assuré que c'étoit du Soufre: il y avoit plus de vingt ans que je connoissois trop bien cette substance, pour pouvoir m'y tromper.

Il étoit tems alors de penser au sel admirable de Glauber, & au Soufre qu'il avoit obtenu du charbon végétal & animal; j'eus honte de ne m'en être point avisé plutôt. Alors je découvris sans peine la façon dont ces substances s'étoient combinées, & je vis que c'étoit une matiere inflammable, que tout le monde reconnoît dans les charbons, & un acide que j'avois tiré du Soufre même. Cette découverte me conduisit à d'autres. Je pris mon nouveau Soufre tel que je l'avois obtenu avec l'alcali, je les pulvérisai & je les fis rougir : mon Soufre par-là étoit disparu de nouveau, & l'alcali étoit tellement emprisonné & retenu par la substance qu'il retenoit auparavant, que personne n'eût pû fournir un moyen de le faire reparoître; Kunckel lui-même ne l'eût osé entreprendre, puisqu'il prétend qu'il est devenu du sel marin, sur quoi il fait deux très-bonnes observations: 1°. qu'il faut le distiller à un feu très-violent; j'ai souvent employé vainement des cornues pour cette opération. 2°. Il dit que l'on n'en obtient pourtant qu'une petite quantité; je n'ai jamais rien tiré de la nature du sel marin. Nous pourrons encore en dire quelque chose en parlant des sels alcalis.

Il étoit naturel de faire l'expérience

avec du simple foie de Soufre fait avec de l'alcali & du Soufre commun, afin d'en tirer à une chaleur modérée, un pareil sel sans aucun vestige de Soufre. Il ne falloit point de réflexions bien profondes pour expliquer la raison pourquoi la matiere inflammable, qui avoit été combinée avec cet acide, & qui par cette combinaison avoit formé du Soufre, se dissipe dans l'air lorsqu'on y applique l'action d'un feu doux. En effet la même chose arrive aux charbons, sur-tout quand ils sont pulvérisés, aussi-bien qu'à la suie pure dont nous avons parlé; c'est ce qui n'est ignoré de personne.

Ce même sel neutre mêlé de nouveau avec du charbon pulvérisé & mis en fusion, me donna un nouveau Soufre, & je retrouvai son alcali. Je n'ignorois point que l'acide du Soufre & celui du vitriol ont la même origine : pour plus de sûreté, je fis le même sel neutre avec du sel alcali & l'acide vitriolique; j'y joignis la matiere inflammable des charbons ou du noir de fumée de la même maniere : par ce moyen j'obtins du Soufre, & j'éclaircis sur le champ deux grandes difficultés; premiérement je levai le doute si l'acide qui est dans le vitriol est le meme que celui qui est contenu dans le Soufre; en second lieu je constatai l'expérience si penible, si coûteuse de Boyle, qui cependant ne réussit point quand on ne s'y prend pas comme il faut, je veux dire, celle de faire du Soufre avec de l'huile de vitriol & de l'huile essentielle de thérébentine.

Indépendamment de l'objet principal, qui est de faire du Soufre, on a par ce moyen la maniere de le décomposer très-facilement; par une chaleur modérée on dégage sa partie inflammable & on la dissipe en l'air suivant sa nature; & son acide est aussi fortement retenu dans l'alcali, que si après l'avoir distillé péniblement à la cloche pour n'en obtenir qu'une petite quantité, on l'avoit joint à cet alcali.

Je crois donc que ce qui vient d'être dit s'accorde parfaitement avec la regle qui dit *equibus aliquid fit, & in quá resolvitur, ex illis constat.*

J'ai de la peine à passer à Kunckel de n'avoir point cherché à connoitre & à examiner plus soigneusement son Phosphore; cela lui eût fourni des découvertes aussi intéressantes que l'invention du Phosphore lui-même; mais jusqu'à présent personne n'a encore rien fait sur cette matiere, quoique bien des gens s'en soient occupés: pour moi je ne m'y suis brûlé les doigts qu'une seule fois, & cela a suffit pour me le faire assez bien connoître; je m'en souviendrai toujours, & je serois en état de dire d'où lui vient la propriété qu'il a de brûler.

Mais disons encore un mot du Soufre. Kunckel donne à la page 357 de son *Laboratoire* Chymique, un procédé pour faire du vitriol avec du fer & de l'huile de vitriol; & pour accélérer la dissolution, il étend le dissolvant dans beaucoup d'eau: moins on y joint d'eau & plus on laisse à l'huile de vitriol le tems d'agir, plus on trouve de la poudre noire dont il a fait mention. Kunckel a décrit assez bien tout ce qui regarde ce procédé, mais il ne nous dit point ce que c'est que cette poudre noire. Il étoit trop attentif, pour n'y point prendre garde & pour ne pas l'examiner, & il n'étoit pas comme les Artistes du commun, qui jettent ce qu'ils appellent les *féces*. A la page 359. il parle beaucoup de l'expulsion du *frigidum*, qui se fait durant cette dissolution. Et quelle vraisemblance n'eût-il point donné à son idée, s'il eût présenté une bougie allumée aux vapeurs qui s'en dégageoient, qui sont ce qu'il appelle le *frigidum*, & s'il les eût vu s'allumer & faire un bruit semblable à celui du tonnerre, & une explosion telle que celle dont il parle à la page 213. produite par une effervescence qui brisa ses vaisseaux ? S'il eût examiné cette poudre noire le moins du monde, il auroit trouvé que ce n'étoit autre chose que du Soufre commun. Je ne déciderai point s'il a cru devoir taire cette circonstance, dans la crainte qu'on ne s'en servît pour renverser les idées qu'il s'étoit donné tant de peine à établir, & pour lui procurer non-seulement l'existence d'un Soufre, mais encore d'un Soufre de fer. Il est certain qu'à la page 361. & à la page 430. il parle d'une façon si énigmatique, qu'il paroît n'avoir point eu envie de dire son secret, & l'on observe qu'à la page 361 il dit *qu'il n'y a point d'impossibilité*, &c. en effet rien n'est plus aisé & moins impossible. Mais Kunckel introduit à ce sujet des nouveautés dont il n'avoit fait aucune mention en parlant de ses premiers principes : car il attribue la formation du Soufre artificiel à la terre onctueuse, unie avec le sel froid & l'acide. Cependant il étoit nécessaire de démontrer

1°. qu'il falloit pour cela une vraie terre ; 2°. ce qui la faisoit appeller onctueuse ; 3°. son *frigidum*, ou même son *sel froid*. Quelques précautions qu'on prenne en bouchant les vaisseaux, on les mettra toujours en danger si l'on n'y met la limaille de fer, peu à peu, très-lentement, & en 24 heures ; le danger sera moins grand si l'on n'étend point du tout l'huile de vitriol avec de l'eau. Quoique l'opération se fasse plus lentement de cette façon, & quoique le vitriol qui se forme, se dépose promptement en petits grains ou cristaux, l'on obtiendra une quantité d'autant plus considérable de la terre noire, & l'on n'aura point à craindre d'explosion.

Le grand secret eût été de retenir le *frigidum*, pour pouvoir l'employer à faire du Soufre. Au reste soit qu'on le retienne, soit qu'on le laisse aller, cet acide est vraiment celui du Soufre ; c'est lui & l'*unctuosum*, (que l'on a tort d'appeller *terre onctueuse*, mais qui étant plutôt une terre propre & solide, devroit être appellée *terra unctuosi* ou *concretorum unctuosorum*) qui produisent le corps qui se forme de nouveau, de quelque nature que cet acide ait été auparavant. Quant au *frigidum*, il deviendra ce qu'il pourra.

L'on voit par-là que les hommes les plus habiles sont sujets à se donner beaucoup de peine pour chercher des explications qui se présentent tout naturellement.

Il faut avoir recours à l'expérience, pour s'assurer de la nature de cette substance onctueuse, non-seulement dans la formation du Soufre, mais encore dans les combinaisons où elle se trouve, dans les métaux imparfaits, & dans toutes les substances métalliques où elle n'est pas fortement liée. Il n'y a que ceux qui sont versés dans les travaux de la métallurgie & des fonderies, qui puissent sentir les effets de cette substance onctueuse dans le grillage, la fonte, l'amélioration, la réduction de ces substances métalliques, de leurs scories, de leurs cendres ou chaux, &c. J'en ai déja parlé, il y a plusieurs années, dans ma Dissertation *de Metallurgiæ fundamentis*, & j'avois cru avoir jetté du jour sur cette matiere; mais on s'est plaint que je ne m'étois point expliqué assez clairement: cependant comme l'édition de cet Ouvrage a été bientôt épuisée, je l'ai fait réimprimer dans mes *Opuscules chymiques*.

Pour procéder avec plus de clarté, je commencerai par les preuves les plus frappantes ; elles conduiront à la connoissance de celles que les difficultés du travail ne mettent point à la portée de tout le monde.

On n'a qu'à aller chez un Fondeur d'étain, lorsqu'il fait fondre de l'étain à un grand feu de charbon au point que ce métal fondu allume un morceau de papier, il se forme bientôt une pellicule à sa surface ; & lorsqu'on l'enleve, il ne tarde point à s'en former une nouvelle, qui à mesure qu'on ira en avant, ressemblera plus à de la poussiere ou à de la cendre. Si l'on met peu ou beaucoup de cette cendre dans un creuset, & qu'on l'expose même au feu le plus violent sans y faire tomber aucun charbon, elle ne souffrira aucune altération ; & si l'on n'y joint du sel ou du verre comme fondant, elle restera toujours dans l'état d'une cendre. D'un autre côté, si lorsque cette cendre est encore à la surface de l'étain fondu, on y joint soit de l'huile, soit de la poix, soit une résine tirée des végétaux, soit du suif, soit une autre graisse tirée des animaux, qu'on remue le tout avec un bâton ; cette cendre se fondra de nouveau, & se réunira au reste de l'étain de maniere qu'on n'en appercevra plus la moindre particule.

Si on prend du plomb pur, qu'on le fasse fondre dans un vaisseau plat, en remuant ce plomb, ou en retirant la pellicule qui s'y forme, on le réduira peu à peu entiérement en chaux ou en cendre. Si on porte cette cendre sur un test plat & découvert, il s'en dégagera une vapeur légere, mais peu à peu tout le plomb se changera en une scorie tendre, ou en une espece de verre. Si l'on expose cette cendre pendant long-tems à la flamme d'un feu de bois, elle deviendra d'abord plus blanche, ensuite elle jaunira, & enfin elle rougira & fera ce qu'on appelle du minium.

Si l'on prend environ la grosseur d'un pois de l'une de ces chaux de plomb, qu'on la mette dans un petit trou pratiqué dans un charbon, & qu'avec un chalumeau & la lampe des Emailleurs, on souffle la flamme dessus, cette chaux se fondra & fera du verre; on n'aura qu'à bien prendre garde à l'instant où cette goutte de verre touchera au bord du charbon, on entendra un petit sifflement, & dans le moment il sera remis dans l'état de plomb.

Il n'est point encore question de parler ici du sifflement; mais on s'appercevra aisément que dans ce moment il en part une petite fumée, & en continuant de souffler, la fumée deviendra plus épaisse & elle blanchira le charbon: si on ne discontinue point de souffler, le grain de plomb disparoîtra entiérement, & le trou qui aura été fait dans le charbon demeurera vuide. Ce procédé avoit été tenu jusqu'à Beccher pour un secret merveilleux, je le rapporte pour que l'on sache que ce n'est point une chose nouvelle.

On prend de l'antimoine pulvérisé, & on l'expose à un feu doux pour en dégager le Soufre, en observant de le remuer continuellement; par ce moyen il se convertit en une cendre ou chaux jaunâtre. Pour y réussir encore plus promptement, on mettra du régule d'antimoine pulvérisé dans un vaisseau plat, on donnera un feu obscur qui ne le fasse pas entrer en fusion, & l'on obtiendra une chaux semblable. En mettant ces chaux dans un creuset exposé à un feu convenable, on n'aura qu'un verre. Plus l'on aura fait durer long-tems la calcination de l'antimoine & plus on l'aura fait rougir, plus le verre qu'on obtiendra sera clair & en même tems difficile à fondre, & il sera de la couleur d'un hyacinthe ou d'une topase.

Ou bien on n'aura qu'à mêler exactement ensemble une livre d'antimoine cru pulvérisé avec autant de nitre bien pur, on mettra le tout dans un creuset que l'on couvrira d'une brique, & à l'air libre on y jettera un charbon allumé ; la détonnation rapide qui se fait, fera fondre le mêlange, & au fond du creuset l'on trouvera ce qui est resté de l'antimoine, sous la forme d'une masse de verre pesante & de la couleur du foie, ce qui lui a fait donner le nom de *foie d'antimoine.* Au-dessus sera une scorie saline qu'il faut en séparer avec soin, ou en détacher par le moyen de l'eau bouillante.

En mêlant ce foie ou une de ces chaux d'antimoine avec du charbon en poudre, dans un creuset bien couvert ou même luté, & en le faisant fondre à un feu vif d'abord, mais que l'on affoiblira ensuite, on obtiendra un régule d'antimoine pur qui aura la forme & l'éclat métallique.

En faisant fondre à un feu violent du régule d'antimoine bien pur, avec du nitre purifié, en prenant garde qu'il n'y tombe du charbon, il se formera à sa surface une scorie transparente, fluide comme de l'eau & sem-

blable

blable à du ſuccin : ſi on vuide le creuſet, qu'on ſépare la ſcorie du régule, qu'on la mêle avec des petits charbons dans un creuſet, qu'on la faſſe fondre de nouveau, on obtiendra encore du régule, & la ſcorie nâgera à la ſurface.

Toutes ces opérations ſont fort aiſées & à portée de tous ceux qui ont quelque idée du feu de fuſion ; mais il faut plus de connoiſſance pour les procédés ſuivans, qui ne peuvent point ſe faire dans un fourneau à vent.

Pour eſſayer une mine de cuivre, pour ſçavoir le cuivre qu'elle contient, on pulvériſera la mine, on la fera rougir obſcurément dans une écuelle platte ; juſqu'à ce qu'il n'en parte plus ni fumée ni odeur de Soufre ; alors on mêlera cette mine avec du flux noir, & on fera fondre le tout au vent du ſoufflet : l'on employera pour cela le tems & le feu qui conviennent juſqu'à ce que le mêlange ſoit devenu fluide comme de l'eau. On laiſſera réfroidir la matiere, on caſſera le creuſet, & on trouvera le culot de cuivre au fond & la ſcorie à la partie ſupérieure : s'il y avoit quelque ſubſtance pierreuſe ou étrangere, elle ſera paſſée dans la ſcorie.

Si dans cette opération on n'a point

fait rougir sa mine suffisamment ; le culot qu'on obtiendra ne ressem- point à du cuivre, ce ne sera qu'une espece de scorie d'un brun noirâtre & cassante, ou du moins on trouvera une croûte de cette espece autour du culot, selon qu'on aura fait durer plus ou moins long-tems la calcination. Mais comme il est bien plus ordinaire d'essayer la matte de cuivre séparée des scories vitreuses, ou même le cuivre noir, que la mine de cuivre ; on ne laisse pas d'avoir dans tous les cas les mêmes précautions à prendre pour le grillage ou la calcination.

On observe à peu-près les mêmes choses pour les mines de plomb & d'étain ; mais il faut remarquer que dans ces sortes de mines, & sur-tout dans la mine de plomb en gros cubes, la partie sulfureuse est si fortement attachée, qu'elle demande à être rougie plus fortement pour se réduire en cendre & pour qu'on n'y remarque plus l'éclat métallique. Ensuite on fond pareillement ces mines avec le flux noir, mais on employe une chaleur moins vive, & moins de tems pour le plomb.

On m'apporta un jour de la mine de plomb préparée & pulvérisée, qui venoit d'une mine du pays de Schwartzbourg ; & l'on me dit que les Fondeurs n'en pouvoient rien tirer ; on me remit en main cette mine dans un tems où j'étois occupé à de certains travaux. Je pris donc cette mine de plomb, je la mêlai avec un peu de nitre ; le mélange se gonfla à l'ordinaire, il détonna foiblement & se changea en une masse blanche & très-subtile. Je donnai un feu modéré, j'y joignis un petit charbon, & je continuai à faire fondre. Je trouvai que les deux tiers de cette mine étoient du plomb, mais il n'étoit point ductile, parce qu'il étoit mêlé d'antimoine.

Enfin je répéterai encore ce que j'ai dit des scories du régule d'antimoine faites avec parties égales de nitre & de régule, pulvérisées mêlées, & portées peu-à-peu dans un creuset pour en faire la détonnation. Alors, si l'on vient à laver ce mélange, on trouve que le régule s'est réduit en une poudre blanche, qui résiste à un feu qui ne la feroit que rougir : mais si lorsque le tout est encore dans le creuset on y jette de petits charbons allumés, le mélange se fond & devient fluide comme de l'eau ; & lorsqu'on vuide le creuset, le régule se trouve dans le fond, & la scorie alcaline du nitre occupe la partie supérieure.

Toutes ces expériences nous montrent d'une façon sensible ce qui donne la ductilité à ces sortes de combinaisons métalliques, & ce qui les rend des métaux parfaits dans leurs especes ; sans cela la fusion leur fait prendre l'état d'un verre qui se réduit en poudre, & l'étain se change en une poudre séche dont le feu ne peut point venir à bout

Je ne crois pas qu'il faille des réflexions bien profondes pour expliquer ce phénomène ; il est surprenant que Kunckel ne nous en ait donné aucune explication ; cependant il devoit être conduit naturellement à l'Etiologie, dont il s'agit, par la méthode très-bonne qu'il indique pour faire le régule d'antimoine sans le secours des métaux, ainsi que par les réductions qu'il a faites même de la Lune cornée, avec de l'huile, de la graisse, des charbons, & même avec du tabac ; il auroit dû voir ces choses ; mais il y a lieu de soupçonner qu'il n'en a pas parlé, parce que cela ne s'accordoit pas avec son idée qui étoit d'exclurre tout être sulfureux. En effet le combat qui, selon lui, se fait entre le chaud & le froid, ne suffit point pour expliquer comment se produit le feu visible, c'est-à-dire le *fulmen* dont il parle ; ni comment *l'acide chaud*, qu'il dit être dans ces substances animales ou végétales, en combatrant contre le *frigidum*, peut produire ce *fulmen*.

Il est donc inutile d'aller recourir bien-loin, puisque l'on voit clairement que ces substances métalliques contiennent visiblement quelque chose d'inflammable, que le feu en dégage & dissipe dans l'air d'une maniere invisible, comme cela arrive à du charbon ou à une suie végétale.

Pourquoi Kunckel n'a-t-il point appliqué son conflit de l'acide & du volatil à la chaleur & au froid corporels, tandis qu'il eût pu le faire avec quelque ombre de vraisemblance, d'après l'expérience de Borelli, qui a remarqué qu'une barre d'acier frappée sur une enclume avec un marteau pesant, en redoublant toujours la vîtesse des coups, peut à la fin rougir réellement ? Dans cette expérience la force du mouvement ne suffit point pour expliquer la difficulté; il faut avoir recours au seul mobile propre à exciter cette chaleur.

La même chose se fait avec le nitre; en effet il s'enflamme subitement avec toutes les substances inflammables :

tout le monde sait à quel point il s'allume avec les charbons, ce qui lui arrive aussi avec la limaille de fer; on n'a qu'à mettre dans un creuset parties égales de nitre & de limaille de fer nouvellement faite, & exposer le mélange à un feu convenable; le nitre, lorsque la chaleur sera assez forte, s'allumera avec le principe inflammable du fer comme il feroit avec du charbon, il s'élevera une flamme claire, & il se dégagera une fumée ou une suie très-forte. Cela se fera encore plus promptement si l'on ne fait entrer dans le mélange que la moitié de la quantité de limaille de fer; alors le mélange s'allume aussi-tôt qu'il touche au creuset rougi.

On voit arriver un phénomène pareil lorsqu'on mêle de l'étain en grenaille avec moitié autant ou un peu plus de nitre; & lorsqu'on met ce mélange dans un creuset rougi.

Le plomb lui-même, comme Kunckel l'a fait observer, se réduit en une vraie litharge lorsqu'on le mêle avec du nitre, & qu'on remue ce mélange dans un vaisseau plat qu'on fait rougir modérément.

Toutes ces expériences réunies prouvent que ces métaux, ainsi que les charbons, contiennent une substance qui s'enflamme avec le nitre. On a donc lieu d'être surpris que Kunckel ait entiérement passé sous silence la propriété que le nitre a de s'enflammer avec le fer & l'étain aussi-bien qu'avec le charbon. Je ne vois point qu'il eût pu expliquer ce phénomène par le combat du *calidum* & du *frigidum*, ou par l'expulsion du volatile par l'acide. En effet si dans cette expérience, c'est, comme on n'en peut douter, le feu lui-même qui fait la fonction du *calidum*, on ne pourra point concevoir la raison pourquoi le feu ne produit jamais cet effet sur le fer ou sur le nitre seuls, ni même sur le charbon, dans les vaisseaux fermés, ou du moins lorsqu'il ne peut point s'y joindre une assez grande quantité d'air extérieur : tandis que cette inflammation se fait si promptement, lorsque ces substances sont mêlées les unes avec les autres, au point que l'on n'a qu'à toucher le charbon mêlé avec du nitre, avec un bout de fil allumé sans flamme, pour exciter une inflammation très-vive.

Cependant Kunckel eût pû très-bien comparer entre elles les expériences de l'inflammation de l'étain avec le Soufre, & celle du nitre avec le même Soufre, à la page 386 de son *Laboratoire*, &

il auroit pu en rapprocher l'inflammation du nitre avec les charbons ; il étoit très-naturel qu'il attribuât à ces substances l'expulsion du *frigidum* ou le dégagement de la partie saline volatile par le moyen de l'acide. Je crois donc que Kunckel n'en a point fait mention parce qu'il n'a pas osé le faire.

En effet il y a peu d'apparence qu'il puisse y avoir un acide dans les charbons, sur-tout quand on employe du charbon des animaux, & l'on ne peut soupçonner que l'inflammation vienne de l'acide contenu dans le nitre, puisqu'il n'est point en état de se dégager de son propre *sel volatil*, à moins qu'on ne vienne à son secours en lui joignant une plus grande quantité de matiere inflammable ; d'ailleurs cet acide pur, qui passe à la distillation en même tems que le *volatil*, lorsqu'on fait de l'esprit de nitre, n'a point la propriété de s'enflammer lorsqu'on le joint avec du fer ; & lorsqu'on l'en dégage ensuite par la distillation.

Kunckel avoit aussi l'occasion de donner de la vraisemblance à son idée du *fulmen* par le sel ammoniac, & il auroit dû nous dire pourquoi il ne s'allume point avec le fer ou l'étain, tandis qu'il le fait avec le nitre. On pourroit lui demander avec raison si un *volatil* ou un *frigidum* est en état d'en chasser un autre, ou pourquoi l'acide du sel ammoniac ne chasse point de lui-même son *frigidum* ou son *volatil*? De quelle nature est donc cet *acidum calidum* qui se trouve dans le nitre, puisqu'il est assez libre & dégagé pour pouvoir expulser le *volatil* ou le *frigidum* du sel ammoniac, tandis qu'il ne peut point se dégager du sien? & même dans les exemples qui viennent d'être rapportés, il perd non-seulement ce que Kunckel nomme le *frigidum* & le *volatil*, mais encore il se pert lui-même au point qu'il est impossible de prouver ce que cet acide est devenu. Je crois que Kunckel n'auroit point passé sous silence toutes ces circonstances, s'il n'eût senti qu'elles étoient contraires à ses idées & qu'il lui étoit impossible d'expliquer ces phénomènes, tandis qu'ils pouvoient s'expliquer de la maniere la plus simple.

Je me contenterai de faire encore observer que dans l'inflammation du Soufre avec le fer, l'étain & le plomb, il s'enflamme & il se détruit une assez grande quantité de Soufre, pour qu'il se dégage autant de particules inflammables du Soufre que de celles qui ſont dans ces métaux avec leſquels elles s'aſſocient, & dans ce dégagement ſon acide eſt entiérement détruit, & les particules aqueuſes qui ſont intimement combinées dans ce mixte ſalin, étant dans ce dégagement miſes dans l'état de vapeurs ou en expenſion, produiſent une flamme claire ou rouge lorſqu'il y a du fer.

Kunckel auroit auſſi très-bien fait de nous expliquer pourquoi des lames de cuivre miſes dans un braſier de charbon donnent les couleurs de l'Arc-en-ciel à la flamme, & pendant ce tems la ſurface du cuivre ſe calcine au point que l'on peut en enlever la cendre ou la chaux en y paſſant le doigt ; il eût dû nous apprendre ſi c'eſt le *frigidum*, ou l'acide, ou le mercure, ou le ſel qui produiſent cet effet

D'un autre côté le rétabliſſement de ces métaux dans leur état naturel, ou leur réduction, fait voir que la ſubſtance inflammable eſt réellement une partie des métaux; par cette réduction les métaux reprennent leur éclat, leur ductilité, leur denſité & leur conſiſtance.

En un mot pour parler clairement, par la réduction on leur reſtitue le principe inflammable qui leur avoit été enlevé par la calcination, ou par la détonnation avec le nitre.

On peut voir par-là ce qu'il faut juger de ce que disent des Auteurs sans expérience, qui prétendent que pour tirer ces sortes de métaux de l'état de cendre, & pour leur rendre la ductilité métallique, il faut se servir de sels alcalis ; alors on est obligé de recourir à une explication très-éloignée, & de dire que l'acide du feu qui a rongé les métaux & les a mis dans l'état d'une cendre, est amorti par ce moyen, & que par-là le métal reprend du corps & de la liaison. Cependant la fausseté de ces prétentions est manifeste, on voit même que le contraire arrive, puisqu'un alcali bien pur est capable de ronger entiérement le régule d'antimoine, le plomb & l'étain, & de les réduire en poudre, si on en employe une quantité suffisante. Voilà ce qui arrive quand on imagine des opérations chimériques sans travailler par soi-même, ou quand on considére les choses légérement & sans réflexion.

Il est certain que ce qui vient d'être dit est le fondement de la métallurgie & du traitement des quatre métaux imparfaits. L'ignorance de ces principes est cause de beaucoup de perte, parce que les métaux lorſqu'ils ſont dans l'état de cendre ou de chaux ſe mêlent avec les ſcories, tandis qu'elles ſont dans l'état de verre fondu & produiſent ce qu'on appelle les *cochons*, dans leſquels les métaux ſe combinent & dont enſuite par ignorance on ne ſçait plus tirer aucun parti. Je ſçais des entroits ou depuis pluſieurs ſiécles on a laiſſé perdre des quintaux de cochons de cuivre, parce que perſonne n'a imaginé les moyens d'en tirer avantage.

L'Auteur du petit Traité de la *Liquation par le moyen du bois & de la macération des mines* * en parlant des mines de Frankenberg en Heſſe, nous apprend qu'il long-tems inſiſté pour qu'on les laiſſât long-tems en fuaon, pour ſe ſcorifier parfaitement; en quoi il a raiſon, parce que c'eſt-là l'unique moyen de faire que le cuiv.e puiſſe parfaitement ſe dégager des ſcories pierreuſes pour qu'il ſe montre ſous la forme qui lui eſt propre; pour que les charbons ou la pouſſiere de charbon le pénétrent & pour qu'il en tire ce qui peut lui donner la forme & la conſiſtance métallique, au lieu de la forme d'un verre.

J'ai ſouvent dans ma jeuneſſe demandé qu'elle pouvoit être l'utilité ou la néceſſité

* Orſchall.

de fondre en mettant du charbon en poudre au fond du fourneau. Jamais on n'a pu m'en donner d'autre raiſon, ſinon que c'étoit pour que le métal & ſurtout le plomb pût ſe fourrer dans ce charbon, & par-là être garanti contre l'action des ſoufflets qui le calcineroit ou le diſſiperoit. J'aurois pu me contenter de cette raiſon, que l'enduit qui s'attache aux fourneaux, & le coup d'œil rendent aſſez probable, joint à ce que le concours de l'air contribue beaucoup à la diſſipation qui ſe fait du métal; & que dans les eſſais en petit, on peut aiſément s'aſſurer de la quantité de métal qui eſt emporté par le vent des ſoufflets : cependant il eſt évident que cette réponſe ne ſatisfait point à la queſtion. J'examinai donc ce que c'eſt qu'un fourneau de fonte, & l'uſage qu'on en faiſoit; & en faiſant l'eſſai de la litharge pure, je m'apperçus que toutes les fois qu'il tomboit un peu de charbon dans le creuſet, j'obtenois toujours une portion de plomb.

Quelques Fondeurs me donnerent pour raiſon que le plomb ſe raffraîchiſſoit dans la pouſſiere de charbon, ce qui ſignifioit la même choſe, que le plomb s'y cachoit & ſe garantiſſoit par-là de la grande ardeur du feu. Je ne crois donc pas que juſqu'ici les Fondeurs ſe ſoient imaginés que dans l'opération de fondre par les charbons, il y avoit quelque chose qui se joignoit corporellement au métal; cependant il est bien singulier que personne ne se soit douté de la vraie raison de cette opération, depuis un tems immémorial qu'elle est mise en usage tant dans le travail en grand que dans le travail en petit, ou dans les essais.

Dans le travail en grand, on voit clairement que les mines qui ont été grillées ou torréfiées se mettent dans le fourneau de fusion par couches alternatives avec le charbon, & c'est ainsi qu'on les fond. Si l'on ne se servoit pour cette opération que de la flamme du bois, quelque effort que l'on fît, on n'auroit jamais de métal, mais seulement on obtiendroit une masse vitreuse, ou même si la flamme étoit trop foible, le métal se réduiroit en une cendre ou chaux très-déliée.

Je me flatte d'avoir encore démontré par ce qui vient d'être dit, qu'un corps naturel est formé des principes qui le composent, & dans lesquels il peut être divisé & analysé.

Quoique ce n'en soit point ici précisément le lieu, & que j'eusse peut-être dû placer ces remarques plus haut, je vais parler de deux expériences qui ne laisseront pas d'être agréables aux curieux, & qui ont du rapport avec ce qui vient d'être dit. Ces expériences ont pour objet l'extensibilité de la couleur qui, selon moi, est dûe au principe sulfureux.

J'avois environ seize ans, lorsqu'un Emailleur me fit voir que le verre rouge de Vénise, dont on se sert dans les émaux, perdoit entiérement sa couleur lorsqu'on ne le retiroit pas à tems, & lorsque le feu étoit trop violent; il m'apprit en même tems le secret de faire revenir cette couleur: il ne faut que mettre ce verre sous une moufle, à l'entrée de laquelle on brûle quelques petits bâtons de bouleau, de maniere que la fumée qui en part aille frapper sur la peinture. Par ce moyen la couleur deviendra plus vive même qu'auparavant, & elle demeurera en cet état, pourvu qu'on la retire à tems. Ceux qui ont eux-mêmes manié le verre couleur de rubis, sçavent que d'abord il devient clair & transparent comme du verre blanc, mais qu'après l'avoir soufflé, ou lui avoir donné la forme qu'on désire, on le tient à la flamme du fourneau de verrerie, & en s'y prenant comme il faut, il devient du plus beau rouge. Le lecteur habile pourra appliquer ici la remarque de Kunkel sur la propriété que le sel ammoniac a d'exalter cette couleur.

La ſeconde expérience conſiſte à bien faire l'animation du mercure avec le régule martial d'antimoine & l'argent. Il faut pour cela triturer pendant pluſieurs heures, & avec le plus grand ſoin & ſans eau, l'amalgame qui aura été long-tems tenu en digeſtion ; ce ne ſera qu'après cela qu'on le lavera, pour enlever la poudre noire très-fine qui s'y ſera formée. Après qu'on aura bien fait ſécher cette poudre, on la remuera avec un petit morceau de bois allumé, on verra qu'elle s'allumera & brûlera comme de la ſuie, pour peu que l'on y faſſe avec la main que l'air aille donner deſſus ; d'où l'on voit que ce régule contient une ſubſtance ſemblable à de la ſuie ou à du charbon.

Tout ce qui vient d'être dit, démontre clairement que le principe inflammable ſe trouve dans toutes les ſubſtances animales & végétales, & il n'y a aucune de leurs parties, où on ne le rencontre du moins ſous la forme de charbon ; cela prouve encore que ce principe ſe trouve dans le regne minéral, & ſurtout dans le Soufre commun ainſi que dans les métaux calcinables, ou qui peuvent ſe réduire en cendres. Ainſi Kunckel n'étoit pas fondé à s'élever contre une vérité auſſi reconnue, & a nier l'exiſtence de cet être ſulfureux, qui eſt démontrée par tant de faits qu'il n'a ni rapportés ni expliqués.

Mais le *Soufre métallique* ou *Soufre fixe*, eſt une choſe plus embrouillée, plus obſcure, & dont l'examen demande encore plus d'attention. En effet, premiérement jamais on n'a expliqué clairement ce que l'on entendoit par-là; en ſecond lieu il ne s'eſt encore trouvé perſonne qui nous ait enſeigné la maniere de faire ce *Soufre des métaux*, & qui nous l'ait montré; afin de faire connoître *à poſteriori*, ce que l'on devoit entendre par cette dénomination. Il eſt vrai qu'on s'excuſe en diſant que c'eſt le plus grand art de l'univers, & que par ſon moyen on peut faire de l'or, ou du moins changer tous les métaux en or pur, & que la crainte des abus qu'on en pourroit faire, rend dangéreuſe la révélation de ce myſtère.

J'avoue ingénuement que ce grand arcane m'eſt abſolument inconnu; ſur quoi je rapporterai une avanture plaiſante qui m'eſt arrivée. Il y a environ 23 ans que j'eus occaſion de voir un bon vieillard qui avoit beaucoup voyagé & couru le monde, & qui s'étant toute ſa vie occupé de projets, de manufactures, d'établiſſements de commerce, de colonies & de finances, avoit auſſi eu des vûes ſur l'Alchymie, qu'il connoissoit plus dans la théorie que dans la pratique. Il me dit que sçachant que je m'occupois de la Chymie, il avoit eu envie de faire connoissance avec moi. Je le mis sur le chapitre du commerce & des manufactures, sur lesquels je le trouvai assez instruit; mais dans la conversation il me dit qu'il sçavoit un procédé au moyen duquel avec un marc d'argent on pouvoit tirer toutes les semaines pour un ducat (10 livres 10 sols) d'or, tous frais faits. Je fus surpris de voir qu'il parlât de ce procédé si peu à propos, & je lui répondis en souriant & sans faire beaucoup d'attention, que c'étoit un fort joli procédé, puisqu'un homme avec un fond de cent écus, pouvoit se faire chaque semaine un revenu de dix ducats, ce qui faisoit 500 ducats par an. Et je repris la conversation où nous l'avions laissée; au bout d'une demi-heure il l'interrompit de nouveau, en me disant, *à propos que par son procédé l'on pouvoit bien gagner un ducat par jour.* Je me mis à rire avec moins de précaution, & je lui répondis qu'en ce cas on devoit s'enrichir très-promptement: mais comme je ne voulois point faire impolitesse à mon hôte, je tâchai de remettre la conversation sur des objets étrangers à la Chymie. Il passa la soirée avec moi, &

accepta l'offre que je lui fis d'un ſouper & d'un lit. Le lendemain il partit fort content de moi, & rempli d'une haute idée de mon ſçavoir ; en effet il croyoit que je poſſédois infailliblement le ſecret de la Pierre philoſophale. Voici ſur quoi il ſe fondoit, comme je l'ai appris de ceux à qui il parla de moi ; il leur dit qu'il s'étoit trouvé dans ſa jeuneſſe à Amſterdam, dans le tems que le fameux Chevalier Burrhy paſſoit par la Hollande pour aller en Dannemarck ; que tout le monde étoit perſuadé que ce Chevalier avoit le ſecret de la Pierre philoſophale, & il ne s'en défendoit que très-foiblement lui même ; pour s'en aſſurer, il avoit été le trouver dans ſon auberge, & qu'il lui avoit dit que ſur ſa grande réputation, une compagnie dont il étoit l'avoit chargé de l'aller trouver de ſa part & de lui dire qu'ils travailloient à un procédé au moyen duquel on tiroit toutes les ſemaines d'un marc d'argent pour la valeur d'un ducat d'or ; qu'il lui propoſoit donc de s'aſſocier avec eux pendant ſon ſéjour à Amſterdam, & de s'intéreſſer dans leur entrepriſe. Là-deſſus le Chevalier Burrhy lui fit beaucoup de politeſſes, le conduiſit dans ſon cabinet, & marqua beaucoup d'empreſſement à connoître ſes Aſſociés, & à prendre part à leur travail, après quoi il ſe retira avec promeſſe de venir prendre le Chevalier le lendemain; mais après l'avoir quitté, il alla rendre compte à ſes Aſſociés de ce qui s'étoit paſſé, & leur dit que l'idée que l'on avoit du Chevalier étoit mal fondée; qu'il n'avoit point le ſecret de la Pierre philoſophale, que ſans cela il n'eût point fait attention aux bagatelles qu'il lui avoit propoſé. Mon voyageur ajoûta à cela que lorſqu'il m'avoit parlé d'un ducat de profit par jour, je n'avois fait qu'en rire, ce qui prouvoit, ſelon lui, qu'il falloit néceſſairement que j'eus le ſecret de la Pierre philoſophale, puiſque je mépriſois les ſecrets dont il m'avoit parlé. Telle eſt la folie de ces ſortes de gens; celui dont je parle avoit été toute ſa vie dans ces idées, ſans jamais avoir pratiqué la Chymie. Il m'adreſſa depuis un certain Baron Starcke qui me dit qu'il venoit de ſa part; mais je m'en défis en lui racontant ſimplement l'avanture qui vient d'être rapportée, telle que je l'avois appriſe depuis, & je le priai bien inſtamment de ne pas prendre de moi la même opinion.

Pour en revenir à notre ſujet, je crois que la queſtion du Soufre des métaux doit être examinée plutôt dans la théorie que dans la pratique, & il faut considérer ce que Kunckel en a dit. Il est certain que tous ceux qui ont dit quelque chose de plausible du Soufre des métaux, en ont parlé comme d'une substance qui étoit le principe & la cause corporelle, 1°. de la couleur des métaux, 2°. de la liaison & de la combinaison intime des autres principes, 3°. de leur consistance métallique, de leur densité, de leur ductilité; à quoi l'on peut ajoûter, 4°. que tous ceux qui affectent de parler d'après l'expérience & la pratique conviennent que ce principe, ainsi que tous les autres principes des métaux, est dans une liaison si forte, qu'il est presqu'impossible de les séparer parfaitement les uns des autres, & même qu'il seroit tout-à-fait inutile de le faire, & de les montrer chacun à part. Voilà la base de la réunion que ces Auteurs cherchent, & c'est ce qui a donné lieu à la maniere si vantée par Becher dont un de ces adeptes s'est exprimé, lorsqu'en parlant de son Soufre & de son Mercure, il a dit *Quod plurimum utriusque sit in plurimo utriusque*. Kunckel dit aussi qu'il est beaucoup plus difficile de rendre la fixité, la densité & la ductilité au Mercure après qu'il a été mis dans l'état de fluidité qu'auparavant, en quoi il rend la chose plus difficile que Beccher. En effet Kunckel ſoutient que ce Mercure eſt contenu ſous cette forme fluide dans les métaux, & peut en être ſéparé parfaitement & tout pur ; c'eſt donc avouer clairement qu'il faut qu'il ſoit uni avec quelqu'autre principe, tant qu'il n'eſt pas coulant ; effet qu'il attribue au principe ſalin. Beccher au contraire dit avec plus de vraiſemblance, que ce Mercure coulant n'eſt uni avec une partie pure d'une ſubſtance vraiment métallique, que pour que le principe métalliſant & qui donne la ductilité, y ſoit en quantité ſurabondante, & y ſoit intimement combiné. Cependant enſuite Kunckel ainſi que Beccher attribuent ſans beaucoup de raiſon au plus grand degré de cuiſſon de cette ſubſtance mercurielle intérieure, la diſpoſition plus grande de ce Mercure à reprendre la dureté métallique, tandis que dans le diſcours ils euſſent pû attribuer cet effet au Soufre parfaitement ſéparé, ou au ſel.

Pour prévenir toutes les diſputes autant qu'il eſt poſſible, la queſtion principale doit ſe réduire à ſçavoir, s'il eſt croyable, ou s'il eſt néceſſaire & probable, que non-ſeulement il puiſſe y avoir, mais encore qu'il y ait effectivement une ſubſtance corporelle qui puiſſe donner de la couleur à une ſubſtance fixe au feu, & qui ſoit accoutumée à produire cet effet, comme on peut le prouver par des exemples ; ou ſi la couleur ne vient que de je ne ſçais quel arrangement des particules les plus déliées d'un corps non coloré, ſur leſquelles la lumiere va frapper & eſt réfléchie. Si le premier ſentiment étoit le plus aiſé à démontrer, on ne pourroit pas regarder comme impoſſible de tranſporter une pareille ſubſtance colorée d'un corps dans un autre. Il eſt vrai que Kunckel, qui s'obſtine à ne point admettre de principe ſulfureux, ainſi que bien d'autres qui ne peuvent point ſe faire une idée des *Soufres fixes*, pourroient dire pour juſtifier leurs ſentiments, que toutes les ſubſtances colorantes dont j'ai parlé, ſont de nature à s'altérer conſidérablement, & qu'à la fin, du moins par le contact de l'air, elles ne ſont point fixes, ni en état de réſiſter au feu. Mais comme il s'agit encore d'examiner ſi l'on doit vraiment reconnoître une pareille ſubſtance corporelle exiſtante par elle-même, ce n'eſt pas encore le lieu de parler de la diſpoſition qu'elle a à ſe changer.

Et même pour en venir au fait, quand même on admettroit que les métaux imparfaits ſont ſuſceptibles de ſe charger d'un tel principe sulfureux & colorant, comme on vient de le prouver clairement on pourroit toujours se retrancher à dire qu'il s'en dégage ensuite par l'embrasement, & qu'ainsi il n'est point le même Soufre dont il s'agit ici.

Je vais cependant rapporter un exemple qui est sous les yeux de tout le monde, & qui n'auroit dû frapper personne aussi fortement que Kunckel, & lui faire faire des réflexions, quoiqu'il n'y ait point du tout fait attention, ou beaucoup moins que Beccher.

Voici le fait : lorque l'on applique le feu aux végétaux, soit à l'air libre, soit dans les vaisseaux fermés, on en dégage la partie grasse sous la forme d'une huile volatile ou d'une huile épaisse & brûlée, mais la partie grasse qui est plus profondément enveloppée dans la mixtion intime de leurs parties solides, demeure dans le charbon jusqu'à ce qu'elle en soit dégagée & dissipée dans l'atmosphére, à l'aide du contact de l'air, en rougissant doucement; alors il ne reste plus que de la cendre. Il y avoit donc dans ce charbon une substance inflammable comme dans les métaux qui ne résistent point au feu, & qui sont inflammables. Cette substance est chassée par la combustion, & il ne reste qu'une cendre;

cendre; or la même chose arrive à ces métaux imparfaits. Quand on applique un dégré de feu convenable aux cendres tirées des végétaux, elles sont changées en verre; la même chose arrive aux cendres des métaux.

Mais quel est le verre que donnent les végétaux? Il n'est point blanc, clair, & transparent, il est d'une couleur verte & souvent d'un vert foncé, au point même qu'il faut y joindre quelque chose quand on veut l'éclaircir. C'est ce que Beccher a très-bien remarqué avec son attention ordinaire, lorsqu'il dit que les substances du regne végétal conservent l'empreinte & le caractere de leur regne, même dans leurs cendres & dans le verre qui en est fait.

Comme on ne peut raisonnablement attribuer cette couleur qui se trouve dans la cendre des végétaux qu'à la matiere qui constitue la couleur noire qui est si abondante dans les charbons, mais qui dans le cas dont nous parlons est si intimément combinée que l'action du feu le plus violent n'est point en état de la dégager; il faut nécessairement présumer qu'il peut y avoir un tel principe sulfureux & colorant, qui est propre à entrer dans une combinaison capable de résister à la plus grande violence du feu.

Une preuve que cette matiere colorante des cendres dont on fait le verre est de la même nature que celle qui est dans les charbons & même dans la suie, c'est que plus cette cendre est grossiere & noirâtre, plus le verre qu'on en fait est obscur & foncé. De plus on entend dire dans toutes les verreries que le bois, qui ne donne point une flamme claire, mais qui brûle obscurément & qui donne beaucoup de suie, fait prendre une couleur obscure & noirâtre au verre.

Il n'est donc pas surprenant que le Soufre commun, qui est combiné avec l'antimoine, s'étende & se répande dans le verre d'antimoine, qui est plus ou moins clair à proportion que le Soufre en a été plus ou moins dégagé. Joignez à cela que les métaux dans lesquels cette partie colorante est en moindre quantité, ou dans lesquels elle est le moins étroitement combinée & dont elle se dégage le plus facilement par le moyen du feu; ces métaux, dis-je, donnent un verre plus clair, comme on peut le voir dans le verre de plomb; ou ils donnent un verre qui n'est point du tout coloré, comme on peut le voir par le verre dans lequel on a fait entrer de la chaux d'étain.

Toutes ces expériences jettent beaucoup de jour sur notre premiere question, & prouvent qu'il y a une substance colorante, qui demeure fixe dans les mêlanges les plus difficiles à fondre, & qui résiste opiniâtrement à l'action du feu. Cette substance est de la même nature que celle qui se trouve dans les corps inflammables, & même dans le Soufre ordinaire, en tant qu'il brûle, qu'il est coloré, ou qu'il a la propriété de colorer ; c'est à cette substance qui tient un milieu entre les métaux & les substances animales & végétales, à qui l'on a donné le nom de principe sulfureux.

Passons maintenant à la seconde propriété qui est la combinaison intime de ce principe. Il est encore nécessaire de faire attention à la subtilité & à l'extrême petitesse des parties du principe sulfureux & inflammable, qui fait qu'il se combine avec les petites molécules des autres substances. J'ai déja fait remarquer la subtilité infinie des particules du Soufre, lorsqu'il est réduit en vapeurs invisibles, qui pourtant se manifestent par l'odeur & par la propriété qu'elles ont de noircir l'argent. De quelque côté qu'on envisage cette propriété colorante, on trouvera qu'elle vient proprement de ce principe inflammable qui est dans le Soufre ; l'autre principe n'est point en état de produire cet effet.

Je vais rapporter une observation que j'ai faite ; elle prouve la subtilité de la combinaison de ce principe avec l'autre dans le Soufre ; & je conjecture que l'on conçoit que la faculté que le Soufre a de brûler, vient de ce principe, & que c'est en lui qu'elle réside. Que l'on prenne une demi-dragme de Soufre bien pulvérisé, qu'on la mette dans un très-petit creuset dont se servent les Orfévres ; que l'on place au milieu une mêche soufrée de maniere qu'elle ne puisse point se renverser ; on la disposera de façon qu'étant allumée cette mèche donne une flamme qui ne soit pas plus grosse qu'une petite lentille. On placera le creuset sur une brique chauffée, on allumera la petite mêche de façon qu'elle brûle de la grosseur qui a été dite. Quand elle aura brûlé pendant une heure entiere dans un lieu tranquille, lorsqu'on aura non-seulement toujours apperçu la flamme, mais encore lorsqu'on s'appercevra que l'odeur aura rempli toute la chambre, on n'aura qu'à éteindre la mêche, & peser ce qui sera resté; on trouvera que pendant cette heure il ne se sera consumé qu'environ quinze à seize grains de Soufre. Cette expérience suffit pour faire juger de la subtilité & de l'extrême divisibilité de cette substance sulfureuse, subtilité qui est d'autant plus grande que dans chaque molécule qui se dégage & qui se répand, on est obligé de reconnoître une substance inflammable aussi-bien qu'une partie saline.

Une observation qui fournit encore matiere aux réflexions, & qui prouve une combinaison étroite, c'est que l'acide du Soufre qui est très-miscible avec l'eau, au point que lorsqu'il a été privé de son eau autant qu'il est possible, il reprend peu à peu l'humidité de l'air, quand il est combiné avec le principe inflammable, n'a plus aucune disposition à s'unir avec l'eau. La même même chose a lieu dans des proportions diverses pour les résines, les graisses & les huiles; & la suie pure n'a aucune analogie avec l'eau.

Ces exemples prouvent suffisamment dans quel état de division ces molécules sont combinées avec celles des métaux imparfaits & non fixes ; mais on peut outre cela juger de la forte liaiſon de ce principe avec les autres, par la difficulté que l'on a à l'en ſéparer, même à l'aide de l'action du feu qui convient ſi fort à ce principe, & qui opére ſi ſenſiblement ſur lui.

A ce ſujet l'on doit faire attention à l'exemple qui a déja été rapporté de l'embraſement dans lequel on voit qu'une même cendre tirée des végétaux, donne au verre dans la compoſition duquel elle entre, une couleur verte plus ou moins foncée à proportion que cette cendre a été plus ou moins embraſée. On voit la même choſe dans l'antimoine, qui lorſqu'il a été calciné à feu doux & fort lentement, donne un verre plus difficile à fondre & d'un jaune plus pâle. On peut faire la même obſervation ſur le plomb. Quand ce métal a été rapidement réduit en chaux ou en litharge, il donne un verre tendre & obſcur ; tandis que le verre qui a été fait avec une chaux de plomb faite par une longue calcination telle que la litharge réduite en minium ou en chaux de plomb jaunie à un feu doux & à l'air libre, donne un verre d'un jaune verdâtre très-tranſparent.

On peut auſſi ſe rappeller ici l'excellente obſervation de Kunckel, qui fait remarquer qu'un *Crocus* ou Saffran de Mars qui a été calciné pendant long-tems & même pendant quelques ſemaines, ſuivant la méthode d'Iſaac le Hollandois, donne au verre une couleur rouge beaucoup plus belle qu'un Saffran de Mars plus groſſier & qui n'a point été ſuffiſamment pénétré par le feu. Il n'y a point d'autre raiſon de cette différence, ſinon que par cette longue calcination, qui cependant peut ſe terminer en un ou deux jours, il ſe dégage encore une portion du principe ſubtil qui n'eſt point dans la combinaiſon la plus intime.

On voit clairement la même choſe dans le Saffran de Mars préparé par le nitre, ſuivant la méthode de Quercetan. On met dans un creuſet placé au fourneau de fuſion parties égales de limaille de fer & de nitre; & auſſi-tôt que le mélange s'enflamme, on le retire & on le verſe dans de l'eau très-pure; on filtre promptement la diſſolution qui eſt d'une couleur pourpre ou violette, & on la laiſſe en repos pendant quelques heures pour qu'elle ſe dépoſe. Par ce moyen l'on aura, quoiqu'en très-petite quantité, une poudre rouge très-fine qui colorera beaucoup plus foiblement.

Le *Crocus* ou Saffran de Mars préparé suivant ma méthode, c'est-à-dire dissout dans une forte dissolution alcaline, & précipité par l'urine, procédé par lequel on peut le faire en grande quantité, produit aussi le meme effet.

J'ai aussi fait remarquer en second lieu, que ce principe est regardé comme la cause de la combinaison intime des autres principes qui sont dans les métaux; & tous ceux qui en ont écrit semblent se réunir à dire que ce principe qu'ils nomment *sulfureux*, est le vrai lien de la perfection entre le *mercure* & le *sel métallique*. Kunckel lui-même, qui ne veut point admettre ce principe, ne veut point qu'il entre dans le régule d'antimoine, quoiqu'il convienne en plusieurs endroits qu'il contient beaucoup de mercure & de sel métallique, comme il le dit positivement à la page 473.

On s'apperçoit aisément que c'est s'expliquer d'une façon très-peu intelligible, que d'attribuer la mauvaise qualité d'un tel mercure, ou de celui qu'on prétend pouvoir se tirer des autres substances métalliques imparfaites, à sa crudité;

ou au défaut de la cuisson suffisante qu'il n'a point eû dans le métal où il étoit contenu auparavant; attendu que cela ne peut pas plus se démontrer, que l'existence d'une cause matérielle & corporelle qui y est contenue & qui y concoure.

Quant à la troisiéme remarque que j'ai fait faire, sçavoir, que ceux qui en ont écrit prétendent que ce principe sulfureux est ce qui donne aux métaux leur consistance & leur ductilité, on sçait assez à quel point ces Chymistes insistent sur ce Soufre pour leur *teinture d'or*, qu'ils disent ne pouvoir jamais se faire parfaitement sans lui, & ne pouvoir obtenir la faculté incroyable de teindre & de colorer les métaux.

On pourroit remarquer au sujet de ces prétentions, si on s'en tient aux procédés qu'on nous donne & si c'est sur l'énoncé que l'on juge de leur vraisemblance, que depuis environ cent ans, & sur-tout depuis 30 ou 40 ans, nous trouvons plus d'exemples qui rendent probables non-seulement l'amélioration des métaux inparfairs & de leur changement en or, mais encore leur transmutation faite au moyen d'une très-petite quantité de la matiére teignante, eu égard au poids du métal transmué. Je dis que c'est en or que s'en fait la transmutation ; il est fait mention de beaucoup moins d'exemples de transmutation en argent, sur-tout dans un poids qui excéde si fort celui de la matiere teignante. Tout le monde sçait que l'argent est sensiblement plus léger & moins dense que l'or, & nonobstant son volume qui est plus grand que celui de l'or, il n'a ni sa ductilité ni sa malléabilité. Cette comparaison pourroit du moins servir à nous faire connoître que la substance qui donne à l'or sa couleur, sert en même tems à lier plus intimement les autres principes, à les rendre plus déliés, à les rendre propres à occuper un moindre espace, sur-tout puisque l'argent lui-même quand il a été transmué en or par l'art, devroit surpasser la même masse plus petite dans le poids précédent.

On ne seroit point fondé à objecter, que quoique l'argent différe de l'or par la couleur & par la densité ou le poids, ses autres principes ne laissent pas d'être combinés aussi intimement & d'être aussi fixes au feu que ceux de l'or. Et l'on ne peut point refuser de reconnoître dans l'argent un mélange sensible d'un principe sulfureux ; c'est ce dont Kunckel convient lui-même, puisqu'il dit page 313 & 314, que l'on peut tirer de l'argent, aussi-bien que de l'or, une couleur rouge au moyen de laquelle une portion de l'argent avoit été changée en or : mais il nie que cette substance soit quelque chose qui différe du mercure de l'argent, & il prétend qu'il contient originairement & par lui-même cette couleur rouge ; mais il ne nous dit point pourquoi la masse totale du mercure contenu en si grande quantité dans l'argent, ne nous présente pas cette couleur rouge. En effet, selon lui, on n'en obtient que très-peu d'une grande quantité d'argent, & ce peu, remis sur l'argent, change en or une petite portion qu'il a touché après avoir été ainsi concentré.

L'Auteur de *l'Alchymia denudata*, a rapporté le même procédé que Kunckel, excepté qu'il ne prescrit point de faire durer la sublimation pendant tant de semaines, à moins que ce ne soit ce que Kunckel a voulu dire à la page 414 par la calcination qui gonfle. Il est surprenant que ces deux Auteurs se soient si bien rencontrés dans cette opération. Cependant Kunckel nous donne encore une autre maniere de procéder, pour tirer la même chose de tous les métaux, aussi-bien que de l'argent.

Quand on fait dissoudre le mercure ordinaire dans de la bonne eau forte, qu'on en enleve assez bien le flegme par la distillation, & qu'on verse la dissolution qui est devenue épaisse dans un petit matras sur du sel marin, & qu'on y remettre ensuite encore du sel de nouveau; puis qu'on laisse le tout en digestion à une chaleur modérée, le mercure deviendra d'un rouge tirant sur le pourpre: si on lui applique avec précaution le feu de sublimation, il s'élevera à la vérité d'un beau blanc comme du sublimé; mais on y remarquera pourtant des filets rouges: si on augmente le feu au point de faire presque rougir doucement le matras, la matiere qui étoit restée au fond deviendra fluide comme de l'eau, & il y restera encore beaucoup de mercure qui sera d'un noir luisant; d'où l'on voit que le mercure donne aussi une couleur rouge.

Quand à l'aide du vinaigre distillé, on tire une couleur rouge du sublimé qui a été fait par le moyen du vitriol, &

qu'on la réduit enfin ſous la forme d'une poudre ſéche, on fait la même opération dont parle l'Auteur de l'*Alchymia denudata*, qui vante l'uſage de cette couleur tirée par le vinaigre. C'eſt-là auſſi le *mercure ſublimé rouge* dont Kunckel parle à la page 244.

Ne pourroit-on point rapporter ici les vapeurs ſpiritueuſes jaunes ſi déliées dont parle Kunckel, qu'il regarde comme des *eſprits métalliques*, & auxquelles ſeules il attribue la vertu de tranſmuer l'argent en or ? Si elles étoient ſimplement dûes au mercure qui eſt dans les métaux, entant qu'il eſt mercure, comment ſe fait-il qu'il y en ait une ſi petite quantité capable de produire un ſi grand effet ? & comment pourroit-elle améliorer & changer en or le mercure qui eſt dans l'argent & qu'il regarde auſſi comme métallique, s'il ne s'agiſſoit que de la quantité d'un pareil mercure, & non de la quantité d'un autre être ? puiſqu'en joignant un peu plus de mercure au mercure de l'argent, cela ne peut point en faire une nouvelle ſubſtance, c'eſt-à-dire de l'or ; ſur-tout puiſque Kunckel n'attribue point cet effet aux ſels ; ſçavoir à l'acide ſubtil du nitre. C'eſt auſſi ce qu'a fait Beccher, qui attribue ces vapeurs subtiles & colorées plutôt au métal qu'au sel; cependant il parle dans un endroit *de immortali anima nitri*, & renvoye à une expérience qu'il a rapportée plus haut, qui pourroit bien être la même que celle où il dit de faire dissoudre du mercure dans de l'esprit de nitre, & par un procédé singulier, de tirer une couleur d'un rouge de rubis d'un verre fait avec le borax, en en faisant la réduction avec des charbons.

En un mot, le sentiment de Kunckel est insoutenable, quoique par exemple dans l'argent il dise qu'il y a beaucoup de mercure, une quantité passable de sel métallique pur, & très-peu de terre; & quoiqu'il assure qu'une petite particule de ce mercure sans autre addition métallique, est *aurifique* & change en très-bon or une portion du reste, c'est-à-dire ce dont il a été tiré. Cependant il ne peut point démontrer qu'une grande quantité & encore moins la totalité de ce mercure produise ce même effet. Il faut donc en conclure que la partie qu'il prétend être propre à changer en or soit en très-petite quantité dans l'argent, & il faut que tout le mercure de l'argent, qu'il dit y être en grande quantité, n'ait point par lui-même la vertu de produire cet effet. Si Kunckel ne veut point convenir que la vertu *aurifique* ne soit communiquée à l'argent ou au mercure de l'argent, par les sels tel que l'esprit de nitre, le sel d'urine, le sel commun ou le sel ammoniac, il faut qu'il dise qu'il y a beaucoup plus de substance *aurifique* qu'il ne dit, & qu'il convienne qu'il y en a autant qu'il veut nous persuader qu'il y a de mercure.

L'obscurité que l'on trouve dans les écrits des Alchymistes, ainsi que dans ceux de Kunckel, vient de ce qu'ils n'ont point voulu communiquer leurs procédés sur lesquels ils ne se sont point expliqués clairement, & ils n'ont jugé que d'après quelques circonstances qu'ils ont adaptées à leurs vues; d'où l'on voit qu'il est difficile d'en parler autrement que par conjecture. Cependant Kunckel s'est conduit d'une maniere plus raisonnable, & il nous a appris un grand nombre de procédés, qui quoiqu'ils ne s'accordent point avec ses idées, ne laissent pas d'être utiles à ceux qui aiment la Chymie. Il est pourtant très-clair qu'il n'a point été aussi loin que Beccher; en effet quand on lit ses premieres observations, on voit aiſément, qu'au lieu du principe ſulfureux admis par les autres Auteurs dans les métaux, il a regardé un acide comme un des principes de la liaiſon & de la combinaiſon intime des métaux; il y a tout lieu de croire qu'il a été conduit à cette idée par le Traité Latin d'Iſaac le Hollandois, dont il fait, peut être avec raiſon, les plus grands éloges dans ſon *Laboratoire Chymique*. Dans cet ouvrage on donne la maniere de tirer de l'or ainſi que des autres métaux, un mercure & de le mettre ſous la forme d'une liqueur épaiſſe, ou d'une huile; ainſi que la maniere de tirer du reſte du métal un ſel, & de combiner ces deux principes; enfin de perfectionner le tout au moyen d'une huile vitriolique particuliere, & même par-là de produire une augmentation.

D'un autre côté Beccher paroît être beaucoup mieux fondé à ſoutenir que l'on ne peut tirer des métaux ni ſel, ſoit acide, ſoit d'une autre nature, ni mercure coulant; & que ces ſortes de ſubſtances lorſqu'elles ſe montrent ont été produites par la combinaiſon ſous cette forme, & en ſont d'autant plus difficiles à faire entrer dans la mixtion métallique parfaite, qui n'admet rien de fluide ni de salin, mais seulement des substances séches pures & terreuses dans la combinaison de ses principes.

Depuis très-long-tems qu'il m'est tombé entre les mains une infinité de procédés, j'ai souvent réfléchi à la raison pourquoi il est si rare qu'on y fasse mention d'aucune substance saline ou de ce qu'on appelle *menstrue*, & pourquoi les plus grands Auteurs en ce genre n'en parlent jamais qu'à mot couvert. C'est ainsi que Basile-Valentin en quelques endroits parle avec éloge du vinaigre, & Isaac le Hollandois enchérit encore sur lui; il recommande sur-tout de s'en servir pour faire faire son extraction du sel des chaux, & enfin il observe qu'il a la propriété de se fixer très-aisément avec les substances auxquelles on le joint. Il sembleroit que puisqu'il s'agit ici du principe sulfureux, ce n'est point le lieu d'y parler de ces substances salines; mais l'acide métallique de Kunckel m'a fait conjecturer que peut être a-t-il pris pour un acide ce que les autres ont appellé un Soufre, parce qu'il aura pû tirer des métaux une portion suivant les apparences très-petites d'une substance semblable à un acide concentré ; & il l'aura regardé comme un vrai principe des métaux, qui avoit originairement & par lui-même cette consistance.

Je crois avoir raison de conjecturer que ce sont les ouvrages d'Isaac le Hollandois, & sur-tout celui qui a pour titre *de salibus & oleis metallorum*, qui ont déterminé Kunckel à nier le principe sulfureux dans les métaux. En effet dans ce dernier traité dont Kunckel fait les plus grands éloges, Isaac le Hollandois n'enseigne que la maniere de tirer des métaux calcinés, le mercure par la sublimation, & d'en extraire les sels ; mais comme il dit ensuite qu'il faut faire une huile avec ce mercure de la même maniere qu'il a dit de faire celle du vitriol, ( quoiqu'il en soit du succès ) il peut se faire que Kunckel ait crû que dans l'intérieur des métaux il n'y ait point d'autre chose que ce mercure & cet être salin, qu'il a regardé dans ses observations comme un acide, avec uñe terre subtile ; je dis dans ses *observations* : car dans son *Laboratoire Chymique*, il ne paroît plus tenir si fortement à cette idée, puisqu'on n'y trouve rien qui annonce qu'une substance à qui on puisse donner le nom d'acide, contribue réellement à perfectionner la combinaiſon métallique; ou bien il faudroit que Kunckel eût voulu faire le myſtérieux, attendu qu'il vante prodigieuſement les vertus du vitriol, & dans pluſieurs endroits il attribue à l'huile de vitriol les plus grands effets ſur les métaux. Cependant dans le reſte de ſes écrits, il ne parle des travaux ſur le vitriol qu'avec tant de précautions, qu'il paroîtroit preſque que ce travail feroit la baſe des procédés de la Maiſon de Saxe pour la *teinture*, ſecret qu'il ne pouvoit point révéler, puiſqu'on ſçait qu'il étoit lié par ferment à le taire. J'ai cependant lieu d'en douter, vû que j'ai connu quelqu'un qui avoit ſuccédé à Kunckel dans les mêmes engagements, qui avoit eu entre les mains les Manuſcrits de de la Maiſon de Saxe, & qui ne vouloit jamais entrer en matiere ſur ce chapitre, & à qui, quoiqu'il eût été fort long-tems avec moi, il n'étoit pourtant jamais rien échappé ſur le travail avec la *Lune cornée*; cependant il me dit qu'il y avoit dans le Palais Electoral de Dreſde un magaſin de pluſieurs quintaux de la plus belle mine d'argent rouge, qui avoit été employée à des travaux Alchymiques du tems de l'Electeur Auguste. Cela s'accorde avec ce qui est dit d'une maniere détaillée dans l'*Alchymia denudata*, où le travail sur la Lune cornée est rapporté de la même façon que Kunckel l'a décrit à la page 314 & 315.

Au reste dans cet ouvrage on nous donne une idée plus juste & plus précise de ce qu'on peut appeller la partie mercurielle ou la partie sulfureuse dans les métaux; & l'on voit que la matiere que Kunckel appelle simplement mercurielle & saline, ne doit point être prise littéralement comme telle, puisqu'elle différe à bien des égards du mercure ordinaire; elle ne se mêle point avec lui, & elle n'est point si facile à remettre dans l'état de mercure coulant; tandis que rien n'est plus aisé que de remettre le mercure ordinaire dans son état naturel, dans quelque combinaison qu'il soit caché & sous quelque forme qu'il soit masqué.

Un phénomène qui contredit le sentiment de Kunckel lorsqu'il prétend que les couleurs ne sont qu'un jeu de la nature, (*lusus naturæ*), c'est que les mêmes substances métalliques traitées de la même façon, donnent toujours constamment la même couleur, & que toutes ses couleurs propres à donner de l'or par les essais sont toujours rouges.

Mais Kunckel n'a point tort, s'il veut dire qu'il n'y a point dans les différents métaux tant de Soufres différents, & que les diverses couleurs ne viennent point d'autant de Soufres différents. Cependant il n'est point décidé si la substance qui produit une certaine espece d'obscurcissement, doit être regardée comme un être à part & subsistant par lui-même, qui ne produit différentes couleurs que par la différente disposition de ses parties.

Becher semble avoir en général une idée bien plus juste de cette affaire, lorsqu'il regarde ce principe colorant dans l'état qui lui est propre, comme une substance séche & solide & comme terreuse, & conséquemment comme propre à former une combinaison terreuse très-séche & très-dense; & lorsqu'il la regarde comme très-fixe au feu, tant par elle-même lorsqu'elle est dégagée autant qu'il est possible, que lorsqu'elle est dans l'état de mixtion ou de la combinaison la plus intime. En effet, quant à la siccité, la suie que j'ai citée pour exemple en est une preuve suffisante, & elle est si disposée à l'état de siccité, que par l'embrasement elle ne le devient pas plus que par l'air sec. Mais comme il s'en faut bien que la suie ne soit le principe colorant pur, & comme elle renferme encore une portion saline qui lui est fortement attachée; son inflammabilité à l'air libre lui joint encore quelque chose. Cependant un phénomène digne de réflexion, c'est qu'en la privant du contact de l'air, le feu ne peut rien sur elle, & elle y est d'une fixité étonnante. Il y a tout lieu de croire que c'est pour la même raison qu'elle a la propriété singuliere de contribuer à disposer les métaux plutôt à la volatilité seche ou à la forme mercurielle qu'à la fixité. C'est sur quoi cependant nous observerons seulement, que de même que la forme mercurielle repousse constamment toutes les autres substances non métalliques & ne veut point faire union avec elles, de même aussi la combinaison intime du principe sulfureux quand il est porté à sa plus grande perfection & pureté, contribue à produire un métal qui est tout aussi peu disposé à admettre des substances moins parfaites dans sa combinaison intime.

Il nous reste encore à parler en peu

de mots de la diſpoſition que ce principe ſulfureux donne aux métaux pour entrer dans une fuſion parfaite dans le feu. Premierement on voit clairement que dans les métaux imparfaits ou altérables au feu, l'union du principe inflammable, qui eſt plus groſſier, n'eſt que ſuperficielle & imparfaite; en effet tant que ces métaux ſont chargés de ce principe, comme on peut le remarquer dans le plomb & dans l'étain, ils ont la fuſibilité métallique à un plus haut point que lorſque ce principe a été chaſſé de ces métaux par la calcination. On voit auſſi que le fer exige un degré de feu très-violent pour entrer en fuſion; cependant dans le fourneau de forge il devient aſſez fluide pour couler comme de l'eau, juſqu'à la diſtance de pluſieurs pieds; tandis que les ſcories formées par la roche de la mine ſont à peine de la conſiſtance épaiſſe de la bouillie, & tandis qu'une ſcorie faite avec du fer brûlé ou calciné, peut à peine être fondue & vitrifiée au feu le plus violent. D'un autre côté on voit cette différence remarquable entre les deux métaux parfaits, que l'or exige beaucoup moins de feu que l'argent pour entrer en fuſion. Il ne faut point aller bien loin pour trouver la cause de ce phénomène, il suffit de réfléchir que le principe inflammable est la matiere qui est immédiatement soumise au mouvement du feu; & quand ce principe est combiné intimement avec les molécules les plus déliées d'un corps, il est aisé de sentir qu'il doit faciliter l'action du feu la plus subtile. On voit la même chose d'une maniere plus grossiere dans le fer qui se gonfle & se dilate lorsqu'on le fait rougir à grand feu, au point de ne pouvoir point passer par un trou dans lequel il entre lorsqu'il est réfroidi. Il en est de même de l'étain qui lorsqu'on le coule dans un moule qu'on emplit pour en faire une boule, il se forme à sa surface supérieure une petite cavité lorsque la boule est réfroidie.

Tout ce que nous avons dit, prouve que la substance sulfureuse, dans quelque sens qu'on la prenne, est un être réel & corporel; l'erreur de ceux qui ont nié son existence vient de ce qu'ils n'ont point assez distingué ses effets variés & ses différentes propriétés dans différentes combinaisons, & ils ont trouvé déraisonnable d'admettre quelque chose de sulfureux & qui fût cependant incombustible,

bustible, tandis que la substance qui porte le nom de Soufre par excellence est l'inflammabilité même.

Je ne puis cependant pas me dispenser de relever un passage de Kunckel qui dit dans son *Laboratoire*, que lorsqu'on mêle le Soufre commun avec de l'argent pur, il perd son *frigidum* ou son *volatil*, au point qu'il seroit curieux de voir celui qui trouveroit le moyen d'en séparer de nouveau un vrai Soufre. Il est vrai que Kunckel a tout expliqué au moyen de son *frigidum*, son *volatil*, son *viscidum* & même son *unctuosum*; mais comme il fait un si grand mystère de la maniere de faire du Soufre commun, de peur de faire connoître un procédé qu'il vouloit tenir caché, il seroit cependant aisé de lui indiquer la route pour retirer facilement ce Soufre d'avec l'argent sous sa forme ordinaire, ou suivant son idée, pour le reproduire de nouveau. Pour cela on n'aura qu'à réduire en une poudre fine l'argent qui aura été sulfuré, on le mêlera avec du mercure sublimé, que l'on en dégagera ensuite par la distillation. Si l'on veut un autre procédé, on n'aura qu'à faire fondre l'argent chargé de Soufre dans un creuset couvert avec de la limaille de fer nouvellement faite, on en séparera la scorie, on la pulvérisera, on versera de l'eau forte par-dessus que l'on y laissera séjourner pendant une nuit; le lendemain matin on la décantera, on édulcorera soigneusement la poudre noire & légere, on la séchera, & l'on n'aura qu'à y joindre un charbon ardent; il sera aisé de deviner ce qui se fera dans cette opération. Un moyen plus court sera de mettre l'argent sulfuré, dans lequel il n'y a, dit-on, plus de Soufre, avec du nitre dans un creuset; on n'aura qu'à exposer le mêlange au feu, & l'on verra qu'il se fera une détonnation: si l'on veut commencer par pulvériser le mêlange, & en remplir un petit creuset,* on retrouvera un grand nombre de petits grains qui se seront répandus dans le cendrier. Si le Soufre en se combinant avec l'argent a perdu son *frigidum*, comme Kunckel le prétend, avec quoi le nitre détonne-t-il dans cette opération? sera-ce avec l'acide? L'Huile de vitriol ne détonne point avec le nitre; sera-ce le *viscidum* ou l'*unctuosum*? Pourquoi par l'addition du Soufre l'argent devient-il noir, & conserve-t-il cette couleur? Y a-t-il quelque acide qui soit capable de produire cet effet sur l'argent? Si c'est le Soufre seul qui cause cet effet, pourquoi dit-on qu'il n'y est plus & que ce n'est plus un vrai Soufre ? Une question encore plus difficile seroit de sçavoir pourquoi l'acide vitriolique ou sulfureux a tant de peine à se séparer de l'argent, comme on peut le voir dans l'argent qui a été dissout par l'huile de vitriol, & dans celui qui a été précipité par son moyen; tandis que cette substance qui n'est plus du Soufre, mais qui n'est que l'acide du Soufre, se dégage par le feu le plus doux. Je serois presque tenté de douter si Kunckel a sçu la maniere de faire du Soufre, & dequoi il est composé ; du moins j'avoue que je ne conçois pas comment je pourrois y faire entrer le *spiritus* ou le *sal frigidum*, qui, suivant ce qu'il dit à la page 361, est nécessaire pour faire le Soufre. Pour moi, je me sers pour cela d'une substance très-chaude, qui non-seulement peut s'embraser, mais devenir elle-même du feu, & qui seule dans le monde peut produire du feu.

Comme Kunckel malgré son expérience & son habileté, qui ne le font céder à aucun de ses contemporains, a eu des idées toutes différentes des miennes ſur le Soufre, il n'a pas pû admettre un Soufre ou une ſubſtance inflammable dans le nitre. A ce ſujet il fait une queſtion captieuſe, & il demande ſi *un Soufre peut en chaſſer un autre*. En cela il a raiſon : mais je ne ſçache perſonne qui ait avancé ce paradoxe, & qui ait parlé de cette expulſion comme d'un effet contraire, & je ne me rappelle point que perſonne ait jamais examiné ſérieuſement la queſtion de l'inflammabilité du nitre, quoique pluſieurs Auteurs ayent averti de prendre garde que le nitre ne s'enflamme point lorſqu'on le fond en petits gâteaux.

Au reſte il eſt aiſé de concevoir que deux choſes agiſſent plus fortement qu'une ſeule, quand elles ſont miſes en action. Je ne vois donc point de difficulté à concevoir que deux molécules inflammables s'embraſent avec plus de violence qu'une ſeule, ſur-tout quand elles ſont pouſſées par le vent des ſoufflets qui les met dans l'état d'une flamme.

J'ai ſouvent vû dans ma jeuneſſe, que lorſqu'on avoit l'imprudence de ſouffler dans un poëlon où le beurre fondu avoit pris feu, ce beurre ſautoit au viſage & brûloit celui qui ſouffloit.

Mais lorſque je ſuis devenu plus avancé en âge, je n'ai rien trouvé de plus ridicule que la raiſon qu'on donnoit de certains phénomènes, par la contrariété des éléments, & du froid de l'eau avec la chaleur du feu ; par où l'on prétendoit expliquer, pourquoi en verſant de l'eau froide dans du beurre ou dans de la graiſſe qui s'eſt allumée dans la poële, il s'éleve quelquefois une grande flamme qui met le feu à la cheminée lorſqu'elle n'eſt pas bien nettoyée. En effet tout le monde ſçait que de l'eau verſée ſur une flamme, l'augmente & l'étend, & en tombant ſur-tout dans un vaiſſeau profond, elle fait monter la flamme avec violence auſſi-bien que la graiſſe qui eſt réduite en molécules déliées & qui s'allume & s'étend, ſur-tout lorſque l'eau en allant au-deſſous du beurre allumé ſouleve la flamme de bas en haut. On trouvera peut-être ridicule que je rapporte des exemples ſi communs, mais une expérience de 40 ans m'a appris que les phénomènes les plus journaliers fourniſſent ſouvent plus de matiere aux réflexions que ceux qu'on regarde comme plus recherchés & plus profonds. L'exemple du nitre que j'ai rapporté, ſervira peut-être à jetter du jour ſur cette matiere, & prouvera que l'on peut tirer profit des faits qui ſont continuellement ſous nos yeux.

La queſtion eſt donc de ſçavoir s'il entre une ſubſtance inflammable dans la combinaiſon intime du nitre : il n'importe gueres de ſçavoir qui eſt-ce qui a le premier fait cette queſtion ; il eſt certain que Beccher en parle aſſez clairement dans ſa Phyſique ſouterraine, page 286 & ſuiv. & il obſerve très-bien que la mixtion du nitre eſt compoſée de parties ſalines volatiles & de parties inflammables, ou de parties huileuſes renverſées. Voyez page 292 N° 5. ce qu'il répéte encore à la page 542 dans la définition qu'il donne du nitre, où il dit que le ſel nitreux eſt compoſé d'une terre graſſe, ou, pour parler plus clairement, d'une terreſtrité qui fait & qui donne de la graiſſe, combinée avec une ſubſtance urineuſe volatile, & un ſel acide. Quoiqu'il en ſoit du *ſel urineux*, il eſt certain que la partie ſaline du nitre eſt un violent acide, comme on le voit aſſez par la propriété corroſive de l'eſprit de nitre. Il reſte donc à examiner la partie graſſe ou inflammable, ou ce qu'on nomme la ſubſtance ſulfureuſe.

J'ai déja dit plus haut que la génération du nitre donnoit lieu de le présumer, attendu que ce sel tire évidemment son origine de substances animales & végétales pourries; c'est pour cela que l'on prend la terre dont on tire le salpêtre des étables des vaches & des brebis, des endroits où l'on a laissé séjourner du fumier, des vieux murs des chaumieres de paysans qui sont bâtis de terre noire & de paille qui se pourrit par la pluie qui frappe dessus, & que pour cet effet on gratte de l'épaisseur d'un pouce; on en tire aussi des murs des vieilles latrines, des murs bâtis avec des briques tendres qui sont souvent impregnés de salpêtre. Or c'est une vérité connue, que rien ne se pourrit à moins de contenir une substance grasse, & tout le monde est à portée d'essayer à quel point le tartre, qui est un sel très-huileux, peut servir à démontrer la formation du nitre, lorsque ce tartre a été mêlé avec de la chaux qui se saisit avec avidité de cette graisse.

Ces faits prouvent donc que le nitre tire son origine de substances grasses; ce qui prouve outre cela que ce sel renferme une portion de graisse, c'est 1°. sa volatilité, 2°. sa couleur qui est très-visible, 3°. son odeur forte; toutes choses qui sont purement des effets d'un principe sulfureux intimement combiné à une substance aqueuse très-déliée.

Mais rien ne prouve cette vérité plus clairement que son inflammation ; c'est un point qui mérite qu'on s'y arrête pour l'examiner. En effet, si l'on fait fondre du nitre tout seul dans un creuset, soit découvert, soit fermé, quelque violent que soit le feu qu'on lui donne, si l'on va même jusqu'à le faire rougir entiérement, on n'a point du tout à craindre qu'il s'enflamme ; mais aussi-tôt que l'on vient à joindre à ce nitre quelque substance qui contienne le principe inflammable sous une forme solide & concréte, tels que sont toutes les especes de charbons, le tartre, le Soufre commun, l'étain, le fer, le régule d'antimoine, &c. il s'enflamme sur le champ, & avec d'autant plus de rapidité & de force que cette substance inflammable sera plus rapprochée dans ces matieres, & sera moins chargée de parties terreuses & étrangeres. Voila pourquoi quand on met des morceaux d'os ou de la corne de cerf dans du nitre fondu, ces substances ne font que s'embrasser & se gonfler, la partie inflammable se brûle doucement, & la matiere terreuse, qui perd son lien, forme comme une bouillie épaisse : il en est de même lorsqu'on mêle de la poudre à canon avec beaucoup de sable ou de cendre ; l'on n'a point de violente explosion à craindre quand on fourreroit un fer rouge dans ce mêlange.

Cependant toutes ces choses ne suffisent point encore pour éclaircir cette matiere, & voilà pourquoi elle n'a pas été éclaircie jusqu'à présent ; il faut donc observer avec attention ce que le nitre devient à la fin. Si l'on ne voyoit pas le peu d'attention que l'on accorde journellement aux effets les plus ordinaires, on auroit lieu d'être surpris de voir qu'on n'ait fait aucune réflexion sur ce sujet. Il me semble que bien des gens ont été induits en erreur par le *spiritus de tribus*, que l'on ne nous a pourtant point expliqué, parce qu'ils y trouvoient du moins quelque chose qu'on pouvoit attribuer à un changement matériel particulier ; mais on ne nous dit point en quoi il consiste. Cependant je n'y vois aucune difficulté, attendu que pour ce que le nitre contribue dans la préparation de cet esprit au lieu du tartre, il n'y a qu'à joindre au nitre du charbon non réduit en poudre, mais pulvérisé grossiérement, & alors on n'en verra point partir cette vapeur ou fumée qu'on apperçoit avec le tartre, ni la coloration de l'esprit de vin, ni on n'appercevra aucune altération sensible. Mais sans s'arrêter à ce procédé, on n'aura qu'à prendre le charbon concassé & le nitre, en observant de prendre autant de charbon qu'il en faudra pour faire entiérement détonner le nitre; on portera ce mêlange peu-à-peu dans une rétorte, & on recevra les vapeurs dans un ample ballon. Quand on aura fait détonner de cette façon une livre de nitre, on n'aura qu'à examiner ce qui sera passé dans le ballon, c'est une liqueur insipide & dépourvûe d'odeur. Si l'on examine pareillement ce qui sera resté dans la rétorte, on n'y trouvera qu'un simple sel alcali qui sera pur & moins chargé de particules terreuses, en raison des charbons que l'on aura employés : ceux qui auront été faits avec un bois léger seront préférables à ceux qui auront été faits avec un bois dur.

Suivant le calcul de Kunckel, une livre de nitre contient un quarteron d'acide ou d'esprit de nitre; cependant dans cette expérience il n'y a rien qui se fasse sentir ni au toucher, ni à l'odorat, ni au goût ; d'où l'on voit que dans cette opération tout l'être du nitre a été détruit & décomposé. On ne trouve dans le ballon ou récipient qu'une liqueur insipide, ou du moins qui n'a pas assez de saveur pour faire croire qu'elle a été auparavant acide & corrosive. Il ne reste pas le moindre vestige d'acide dans l'alcali qui est dans le résidu ; en un mot, l'acide nitreux a été entiérement décomposé.

Sans rien prescrire à personne, voici mon sentiment. Je suis entiérement du sentiment de Beccher, qui croit que les sels sont formés par la combinaison d'une molécule de terre & d'une molécule d'eau très-déliées. Dans le nitre il s'est joint de plus une molécule grasse qui y est unie intimement. Or cette combinaison ne se défait point aisément ; ou elle se dégage à la fois pour former l'esprit de nitre, ou bien elle reste si fortement unie avec le sel alcali fixe, qu'elle soutient pendant long-tems l'action du feu sans vouloir s'en séparer. Mais si l'on vient à donner du secours à la partie inflammable en lui joignant une substance qui lui soit analogue, & cela dans le feu qui est son élément, alors la nouvelle matiere inflammable qu'on ajoute, donne à celle qui étoit emprisonnée, la force de rompre ses liens à l'aide de l'action du feu. Par cette inflammation la molécule d'eau est mise en expansion & réduite en une vapeur semblable à de l'air, & elle réduit en poudre les particules mises en action & allumées. Voilà ce qui cause la violente détonnation qui se fait dans cette opération.

On ne peut pas encore parler du principe terreux, & il faut laisser chacun le maître de le faire aller où il voudra. Peut être est-il porté dans l'air, ou se joint-il à l'air, & cela pourroit lui arriver aussi-bien qu'aux particules inflammables qui ont une fois été séparées de l'eau, attendu que ces deux principes sont du moins propres à la sécheresse, & dans cet état d'atténuation extrême ils peuvent élever dans l'air une portion de l'eau qui a été divisée par la détonnation, par où l'on pourroit expliquer l'élasticité de l'air.

Ou peut-être ce principe terreux est-il resté dans l'alcali, qui a un très-grand rapport avec cette substance terreuse très-déliée, très-propre à entrer dans une combinaison saline, & qui est très-avide d'eau.

Cependant, tout le monde sçait que

les charbons faits avec un bois de sapin léger ne donnent que très-peu & même point du tout de sel alcali, non plus que la suie après qu'elle a été rougie dans les vaisseaux fermés.

D'un autre côté on sçait assez qu'une livre de tartre pur quand il a été calciné dans les vaisseaux fermés, & enfin calciné jusqu'à blancheur, en le faisant rougir doucement, donne au moins trois onces d'alcali fixe.

Que l'on prenne une livre de nitre, qu'on le mêle avec du charbon pulvérisé ou avec de la suie, qu'on fasse détonner peu-à-peu ce mêlange, ou bien tout à la fois; on n'aura qu'à le laver ensuite pour en séparer le charbon superflu; peser le tout, soit tout mouillé si l'on a auparavant comparé le poids du mêlange sec & mouillé, ou bien faites évaporer lentement jusqu'à siccité.

D'un autre côté que l'on mêle ensemble parties égales de tartre pur & de nitre pulvérisés; on peut aussi mettre un peu moins de tartre: faites détonner ce mêlange, comme on a dit ci-dessus, & continuez l'opération comme pour le nitre détonné avec les charbons.

Il seroit naturel de s'attendre que dans ce dernier procédé on trouvera une plus grande quantité d'alcali qu'avec les charbons, puiſque le tartre en donne beaucoup; mais que l'on examine le produit, & l'on verra que cela n'arrive pas.

Il ſemblera peut-être que je m'écarte trop de mon ſujet en parlant du ſel, lorſqu'il s'agit des principes du Soufre; mais je parle de la partie ſaline du nitre. J'irai plus loin, & je vais lever une difficulté à laquelle bien des gens ne penſeroient peut-être point. Le Soufre lui-même renferme une partie ſaline, & par conſéquent une combinaiſon de terre & d'eau, auſſi-bien qu'une matiere graſſe & inflammable; quelle difference y a-t-il donc entre le Soufre & le nitre?

Il n'eſt pas douteux que la partie ſaline qui forme le Soufre ne ſoit une combinaiſon d'une terre ſubtile & d'eau, & il eſt très-certain que le principe inflammable ſe trouve lié dans le Soufre; on a une preuve de ce dernier point dans la facilité avec laquelle le Soufre prend feu & brûle: mais la flamme qui part de cette combinaiſon me ſervira à prouver l'exiſtence de l'eau. En effet la matiere inflammable contenue dans le Soufre, qui par elle-même n'eſt diſpoſée qu'à s'allumer & à brûler doucement, donne de la flamme, parce qu'il entre dans la combinaiſon ſaline de l'eau qui eſt miſe en expanſion par l'action du feu qu'elle augmente, & forme ainſi de la flamme ; mais comme la partie terreuſe qui entre dans la combinaiſon ſaline, eſt la plus groſſiére, le dégagement s'en fait plus lentement, elle s'éleve avec plus de peine, & ainſi elle arrête la rapidité de l'effet raſſemblé, de même que par ſa groſſiereté elle avoit empêché la pénétration, la combinaiſon intime & la liaiſon étroite de la matiere inflammable.

Pendant que l'inflammation ſe fait doucement par l'atténuation ou la diviſion de cette partie terreuſe, cette matiere ſaline qui eſt plus groſſiére eſt changée en une vapeur très-ſubtile & très-volatile, ce qui forme l'acide ſulfureux volatil : on peut reconnoître ſa nature terreuſe & ſeche par la promptitude avec laquelle elle ſe répand dans l'air ſec, & perd la miſcibilité avec l'eau qu'elle avoit lorſqu'elle étoit chargée de ſa partie terreuſe groſſiére, dont on pouvoit juger par ſon poids.

On peut encore reconnoître la ſubtilité qu'elle a acquiſe, parce que dans cet état d'atténuation elle eſt beaucoup moins corroſive, pénétrante & plus inſipide. On peut encore en juger par une autre circonstance remarquable, c'est qu'une once de Soufre réduit dans cet état d'acide atténué, peut aisément saturer dix fois autant d'alcali fixe & le changer en un sel neutre concret, que ne devroit faire une once de son sel acide grossier.

Je soumets ces dernieres observations, qui sont de moi pour la plus grande partie, aux réflexions des personnes sensées, qui jugeront de-là jusqu'où peut aller la différence du principe inflammable & de la partie saline qui sont contenus dans le nitre & dans le Soufre.

Mes occupations ne m'ont pas encore permis de faire de plus grandes recherches sur les phénomènes que présente cet acide si atténué qui est dans le Soufre; & comme ma méthode n'est pas de publier des choses avant qu'elles soient démontrées clairement, & que sans vouloir faire le mystérieux, je ne crois point devoir dire toutes mes découvertes, je laisse à d'autres à s'exercer sur la même matiere; les remarques suivantes pourront les guider.

Cet acide devenu volatil, lorsqu'il est parfaitement pur & dégagé de toute partie de Soufre, ne produit aucun changement sur l'argent; d'où l'on voit que ce n'est point à cet acide, mais à des particules de Soufre entier qui s'élevent, qu'il faut attribuer la couleur noire que la vapeur du Soufre donne à l'argent. En effet lorsqu'on reçoit l'acide subtil & attenué dans de l'alcali fixe, il prend un goût désagréable qui vient de quelques particules du Soufre non décomposé qui s'est élevé. Pour s'en convaincre, on n'a qu'à mettre l'alcali qui a été saturé par cette vapeur sulfureuse, dans un matras ou dans une ample cornue; que l'on verse dessus un peu d'esprit de vitriol ou d'acide vitriolique rectifié; que l'on suspende des fils d'argent dans le col de la retorte, & que l'on distile l'acide volatil à une chaleur moindre que celle de l'eau bouillante, l'argent ne se noircira point; & si on combine cet acide avec un alcali, il n'aura plus aucun goût. Si l'on met une quantité suffisante de sel alcali volatil, soit dans le récipient, soit dans le chapiteau, soit dans le col de la cornue où l'on aura mis l'esprit de vitriol & le sel neutre, on aura un sel ammoniacal très subtil.

Si l'on dissout une terre très-déliée dans cet acide volatil pur, & qu'on joigne cette dissolution à des matieres fermentantes ou en putréfaction, on trouvera matiere à faire de très-bonnes observations.

Si l'on y met un métal tel que du fer en dissolution, on aura des observations intéressantes à faire sur la couleur, le goût, la consistance, la précipitation, &c.

Si l'on prend la dissolution de fer d'un jaune rougeâtre qui a été ainsi faite, qu'on la fasse sécher doucement, que l'on verse dessus du vinaigre concentré bien distillé, que l'on mette le tout en digestion pendant quelque tems à une chaleur douce, & qu'enfin on fasse évaporer jusqu'à ce qu'il soit près de se former des cristaux, & qu'alors on fasse cristalliser; on aura un vitriol martial, & cette substance saline sera remise dans son état de grossiéreté.

Cet acide sulfureux volatil ne s'unit point constamment ni intimement avec un esprit ardent parfaitement rectifié; il tombe un peu au fond, mais il se dissipe ensuite très-promptement, &c.

J'ai souvent désiré de sçavoir ce que Kunckel a voulu dire dans ses observations, lorsqu'il dit *qu'il fait plus de cas de la petite quantité la plus subtile du vitriol, qui a de l'odeur, que de tout le reste*. Comme le vitriol n'a rien qui puisse frapper sensiblement l'odorat, ou qui puisse donner lieu à des réflexions, j'ai imaginé que Kunckel a voulu parler de l'odeur de l'acide sulfureux volatil; mais je n'ai pu m'arrêter à cette idée, parce que je doutois fort qu'il eût suffisamment connu que l'acide du Soufre & celui du vitriol étoient la même chose. Comme tout le monde connoît l'odeur du Soufre, il n'est pas possible de présumer qu'un homme si habile n'eût pas trouvé le moyen de la retenir, s'il eût cru pouvoir en faire quelque chose.

Je n'ai rien à dire sur les prétentions de ceux qui s'imaginent tirer un très-grand parti de l'huile de vitriol qui passe à la distillation en même tems que l'acide sulfureux volatil, lorsqu'il s'est fait quelque fente à la cornue; ou de ceux qui croient que l'on peut se servir avec succès de la dissolution de fer ou de cuivre faite dans cet esprit sulfureux volatil; ou qui sont dans l'idée qu'en dissolvant les métaux dans cet acide, on peut réussir plus parfaitement à séparer ou à faire passer à la distillation une partie plus subtile du métal.

Quant à la maniere de tirer cet acide abondamment du vitriol ainsi que du Soufre, & de le concentrer parfaitement, j'en ai donné le procédé très-ingénûment il y a plus de 16 ans.

La seule chose qui nous reste à remarquer sur le principe inflammable ou sulfureux dans les métaux imparfaits, c'est que lorsque ce principe a été séparé de ces métaux aussi exactement qu'il est possible, ils ne sont plus attaquables par les liqueurs ou menstrues acides; c'est ainsi qu'un saffran de mars ou une chaux d'étain bien calcinée ne sont plus dissouts par l'eau forte; tandis que ce dissolvant les dissout avec gonflement, effervescence & chaleur lorsque ce principe est encore dans ces métaux. Cependant je n'ai jamais vu que le fer devînt chaud jusqu'à rougir, comme quelques Auteurs l'ont prétendu.

On sçait que les huiles essentielles pures s'allument & s'enflamment réellement, lorsqu'on les joint avec de l'esprit de nitre bien concentré, qui a été tiré du nitre au moyen d'une bonne huile de vitriol, sans avoir mis d'eau dans le récipient.

J'ai encore à parler de l'expérience par laquelle on mêle de la limaille de fer récente avec du Soufre ordinaire pulvérisé grossiérement, & l'on mouille ce mêlange; lorsqu'on prend une quantité raisonnable telle qu'une livre de chacune de ces substances, au bout d'un quart-d'heure ou d'une demi-heure le mêlange s'échauffe au point que l'eau s'évapore, & la limaille de fer est dissoute & pénétrée au point de pouvoir pour la plus grande partie se réduire en une poudre très-fine.

De même lorsqu'on mêle ensemble parties égales de potasse purifiée & de Soufre ; si l'on fait fondre d'autre potasse dans un creuset, & que l'on y porte peu-à-peu le mêlange susdit, & qu'on y trempe un morceau d'acier ou une lame d'épée, on n'aura qu'à vuider le creuset & dissoudre le mêlange dans l'eau, en mettant la poudre d'acier qui aura été rongée sur du papier brouillard plié en double : s'il y a une grande quantité de cette matiere, il arrive souvent qu'elle s'allume, le Soufre se consume, & l'on peut tirer du vitriol du résidu.

Personne n'a fait plus de cas que moi des expériences & des travaux de Kunckel, & je n'ai jamais eu le dessein de déprimer un Auteur si habile ; il me semble seulement qu'il n'a pas toujours rencontré juste dans les explications des phénomènes que ses expériences lui présentoient : si j'ai cru devoir relever quelques unes de ses fautes, ce n'a été que dans la vue de travailler au progrès de l'art ; c'est dans cet esprit que dans le cours de cet ouvrage je ferai voir que quoique Kunckel eût raison au fond, il s'est quelquefois trompé, faute de distinguer suffisamment & de faire une application convenable des faits qu'il a remarqués.

Je vais encore examiner quelques fai
qui prouveront la néceſſité de faire de
expériences exactes. Kunckel parle à l
page 404 de ſon *Laboratoire*, de la com
binaiſon de la calamine avec le cuivre
d'où réſulte le cuivre jaune ou leton. I
prétend que la calamine s'unit d'un
façon *mercurielle* avec le cuivre & qu'il eſ
très-difficile de la ſéparer entiérement de
ce métal ; & il regarde comme une abſur
dité d'attribuer quelque choſe de ſulfu
reux à la calamine.

Kunckel n'a pas fait attention que la calamine augmente conſidérablement le poids du cuivre, & que par conſéquent on obtient une beaucoup plus grande quantité de leton que l'on a employé de cuivre. Il ſeroit bien étonnant qu'il ſe fût introduit une ſi grande quantité de ſubſtance mercurielle dans le cuivre, & cela ſeroit contraire à toutes les idées de Kunckel lui-même, puiſque le zinc a la propriété de ſe diſſoudre très-promptement dans tous les diſſolvants acides, & une petite quantité eſt capable de ſaturer une grande quantité d'acide ; ce que Kunckel a raiſon d'attribuer à la grande quantité de la partie terreuſe.

Une expérience très-ſimple ſuffit pour prouver que l'on peut ſoupçonner quelque chose de sulfureux dans la calamine; pour cela il ne s'agit que de tenir une feuille de leton battu ou d'oripeau à la pointe de la flamme d'une chandelle; on voit sur le champ des étincelles courir comme de petits éclairs sur la feuille, la calamine se dissipe en une vapeur très-subtile, & la feuille demeure rouge comme du cuivre.

Une autre expérience très-aisée prouve que la calamine n'a pas tant de peine à se séparer entiérement du cuivre, il suffit pour cela d'amalgamer de la limaille de leton avec du mercure jusqu'à ce que l'amalgame soit mou; en triturant pour faire l'amalgame, on y joindra de tems en tems un peu d'eau; par ce moyen la calamine se séparera sous la forme d'une poudre grise, & lorsqu'on aura distillé pour enlever le mercure, on n'aura qu'à faire fondre le résidu avec du borax, on retrouvera son cuivre aussi pur qu'auparavant.

Mais Kunckel auroit pu voir par la maniere dont le cuivre jaune ou leton se fait à Goslar avec la cadmie ou l'enduit qui s'attache aux fourneaux, que la calamine ne s'unit point avec le cuivre sous sa forme terreuse & grossiére, mais qu'il faut auparavant qu'elle prenne une forme métallique; en effet outre le cuivre & la calamine on met beaucoup de charbon pulvérisé ou de matiere inflammable dans les creusets où l'on fait le cuivre jaune, & le zinc en prenant une forme métallique entre facilement dans le cuivre: & le petillement qui se fait ne signifie rien lorsque le cuivre a été couvert convenablement avec du charbon pulvérisé ou avec du flux noir.

Kunckel auroit donc pu sentir pourquoi le mercure a la propriété de séparer si promptement & si parfaitement la partie de la calamine qu'il croit *mercurielle*, & il eût pu appliquer ici la même question qu'il fait au sujet du Soufre, & demander si dans cette expérience un mercure en chasse un autre. Cependant je ne prétends point lui nier que le principe inflammable des charbons donne à la calamine, ainsi qu'aux autres métaux inflammables, une nature mercurielle; cela pourroit devenir probable en ce que le mercure n'agit point du tout sur ces métaux quand ce principe inflammable en a été chassé par la calcination, comme on peut le voir avec la chaux d'étain, de plomb & de cuivre, & comme on peut s'en assurer avec celle du zinc & du bismuth.

L'expérience rapportée par Beccher au sujet de l'inflammation du zinc dans son

son *Rosetum* est plus difficile à vérifier ; il dit que si l'on fait fondre du zinc avec de l'or, & que l'on veuille ensuite en séparer le zinc par la distillation dans une cornue à un feu convenable, il passe sous la forme d'une flamme.

Kunckel eût aussi très-bien fait de considérer attentivement la façon dont le zinc se retire à Goslar, d'en décrire & d'en expliquer le procédé. Voici en quoi il consiste. On ferme la partie antérieure du fourneau où l'on traite la mine de plomb, avec des pierres ou espèces d'ardoises qui résistent au feu ; le zinc qui est contenu dans ces mines de plomb, se brûle par la violence du feu que l'on est obligé d'employer, il s'attache tout autour des parois du fourneau, & prend corps comme font toutes les chaux minérales & métalliques, de maniere qu'il se forme un enduit que l'on peut détacher par morceaux, c'est là la cadmie. Lorsqu'on jette un peu d'eau pour rafraîchir la pierre qui ferme le fourneau par devant, & quand on frappe sur la pierre feuilletée qui le bouche par ce côté, le zinc tombe par gouttes en grande quantité, & se fourre dans les charbons où leur phlogistique lui donne la forme métallique : on le laisse couler promptement avant que d'avoir eu le tems de ſe calciner de nouveau & de ſe mettre ſous la forme de cendre ou de cadmie.

L'on voit par-là que cet exemple ne prouve rien contre l'exiſtence d'une partie ſulfureuſe, dans le ſens des Auteurs qui en ont parlé de la maniere la plus raiſonnable.

Enfin pour en venir à la concluſion de cette affaire, je crois que le ſentiment de Kunckel eſt aſſez vrai au fond & eſt appuyé de l'expérience, & il ne faut point lui faire un crime de ce qu'il n'a pu concilier toutes les idées & les diſputes de mots des Ecrivains alchymiques qui n'ont eux-mêmes point ſçu ce qu'ils entendoient. Kunckel a très-grande raiſon de dire que toutes les ſubſtances que l'on regarde comme ſulfureuſes & que l'on veut faire paſſer pour telles, finiſſent par ſe montrer ſous une forme terreuſe ; mais il eſt ſurprenant que Kunckel ſe ſoit donné tant de peines & ait fait un grand nombre d'expériences coûteuſes pour prouver que les huiles végétales renferment une terre, que dans la ſeconde partie de ſes Obſervations, page 118, il ait dit que l'on ne peut tirer aucun parti des ſuies ou de la partie fuligineuſe de ces huiles, ni même de leur charbon, & qu'il n'ait point fait plus d'attention à la maniere prompte & immédiate dont ces substances entrent dans les métaux inflammables, & à l'effet qu'elles ont de les rétablir dans leur état métallique. Kunckel auroit dû sentir que ce principe ne pouvoit être que sous une forme terreuse & solide, puisque ces Auteurs appellent cette substance sulfureuse *fixe*, surtout dans les métaux & dans l'or même; & cela d'autant plus qu'il eût pu voir qu'ils la regardent comme le principe de la couleur & de la combinaison intime des métaux. D'ailleurs il a toujours lui-même regardé la couleur rouge comme le signe principal de la décomposition qu'il appelle mercurielle, & comme une maniere de prouver la présence de l'or d'après des expériences dont il fait un grand mystère. De plus il prétend en plus d'un endroit que lorsque cette substance rouge & mercurielle a été mise dans l'état de mercure coulant, il est très-difficile de lui faire reprendre la consistance solide & métallique, & qu'on ne peut venir à son secours qu'au moyen du vrai sel métallique, par où il est mis en argent ou plutôt en argent qu'en or, par où il fournit des armes plutôt contre ses sentiments qu'en leur faveur. Il eût peut-être beaucoup mieux fait de dire ſimplement à ces perſonnes entêtées de la recherche de l'or, qu'elles n'avoient pas un beſoin abſolu de tant chercher ce Soufre fixe, ou ce *principium metallicum ſulphureum*, pour trouver la vérité de l'amélioration des métaux en or dont il donne tant de témoignages. En effet quoique par-là il n'eût point entiérement ſatisfait aux pompeuſes prétentions de ceux qui inſiſtent ſur la ſéparation parfaite de ce *Soufre fixe*, parce qu'ils lui attribuent la faculté de donner des propriétés infinies à la Pierre philoſophale & de lui communiquer la vertu de tranſmuer en or, Kunckel eût du moins fait un très-grand plaiſir à d'autres, qui ſe ſeroient très-peu embarraſſés ſi cette ſubſtance eſt du *Soufre* ou du *mercure*, pourvû qu'elle eût procuré de l'or; car quoiqu'ils préféraſſent d'en avoir une grande quantité, ils ſe contenteroient même d'une portion modique; mais il ſemble douter que l'on puiſſe y parvenir à moins que d'avoir parfaitement ſéparé ſes trois principes pour les recombiner enſuite. Quoiqu'il en ſoit, Becher s'eſt expliqué plus clairement ſur la théorie de ces choſes; en effet il regarde ce principe ſulfureux comme quelque choſe de terreux, mais pour cela il ne le regarde point comme une simple terre, comme Kunckel semble faire; mais il la regarde comme *une matiere colorante contenue dans la mixtion métallique, qui la lie très-étroitement, & qui dans cette combinaison est très-fixe au feu.*

J'ajouterai encore que dans les écrits des Alchymistes qui paroissent les plus éclairés on ne trouve point annoncé d'une façon claire que ce principe même dans sa plus grande pureté soit par lui-même fixe au feu ou incombustible; puisque tous disent, tantôt qu'il faut le tirer ou le séparer par la distillation, tantôt qu'il faut le tirer par sublimation, &c. & que lorsqu'il est déja uni en partie avec la partie mercurielle, que ce n'est que par le moyen de la partie saline qu'on peut lui donner une entiere fixité. Mais comme ces sortes de gens sont extrêmement mystérieux & présentent toujours un sens équivoque, c'est à l'expérience & à la pratique qu'il faut s'en rapporter.

Il nous reste encore à parler des idées de Kunckel sur un troisieme principe qu'il admet dans les métaux; en effet dans ses *Observations*, aussi-bien que dans son *Laboratoire Chymique*, il parle souvent d'un *acide*, qui tient le mercure lié dans les métaux ; & quand on veut examiner ce qu'il entend par-là, il paroît que par cet *acide* il veut désigner un être tout différent de la partie saline qui est le principe des métaux. Il ne faut pas qu'on croie que Kunckel n'attribue cet *acide* qu'aux métaux imparfaits, car on voit clairement qu'il joint de la chaux & des alcalis fixes à l'or & à l'argent lorsqu'il veut prouver qu'ils contiennent un mercure coulant, & partout il allégue pour sa raison que ces matieres dégagent le mercure de ces métaux, parce que contenant des terres très-subtiles, elles absorbent l'acide du métal, & par-là le mercure que l'acide tenoit jusques-là enchaîné est mis en liberté & se dégage sous une forme fluide. Or cette explication suppose clairement 1°. que ces métaux parfaits contiennent un vrai mercure volatil & coulant ; 2°. que le mercure de ces métaux parfaits peut être obtenu par le moyen d'un acide, sans être détruit ; 3°. cela suppose que cet acide est une partie essentielle de cette combinaison ; 4°. cela suppose aussi que cet acide n'est pas la même chose que le principe salin de ces métaux, puisque Kunckel ne le donne nulle part pour un acide, & dans plus d'un endroit il dit que ce sel métallique, quand il eſt parfaitement pur & ſéparé, ne change point en or, mais ſimplement en argent, tous les *mercures* à qui il rend la liaiſon & la forme métallique.

Je ſerois tenté de croire que Kunckel, d'après les travaux d'Iſaac le Hollandois auſſi-bien que les procédés qui lui avoient été communiqués, s'eſt fondé ſur l'huile de vitriol, & que c'eſt-là ce qui lui a fait croire qu'il entroit réellement un acide dans la combinaiſon des métaux. Mais je ne puis diſſimuler que je regarde le ſentiment de Beccher comme beaucoup plus vraiſemblable, lorſqu'il n'admet dans les métaux ni un mercure coulant, ni un vrai ſel, ſoit acide, ſoit autre, & que lorſqu'il s'en montre, il a dû avoir été produit dans l'opération.

Cependant comme je ne me rappelle pas que Kunckel ait voulu prouver directement l'exiſtence d'un tel acide dans les métaux parfaits, & comme il conclud ſon exiſtence *à poſteriori*, parce que des ſubſtances qui communément donnent des entraves aux acides ſervent ici à dégager le mercure, je ne vois point que ſon raiſonnement puiſſe être regardé comme concluant. En effet Kunckel ne pouvoit point ignorer que les mêmes ſubſtances qui abſorbent promptement les acides ne ſe bornent point à ce ſeul effet, mais qu'elles ont auſſi la propriété de ſe charger des Soufres. C'eſt pourquoi je n'ai jamais pu admettre la preuve qu'on donnoit de l'exiſtence d'un acide dans les huiles, fondé ſur ce que l'huile contenue dans une lampe de cuivre en devenoit verte.

Je crois que Kunckel ſe ſeroit encore plus confirmé dans ſon opinion, s'il eût fait attention qu'avec une livre d'huile d'olives on peut diſſoudre une demi-livre de minium de telle maniere que l'on ne peut douter qu'il ne ſe ſoit fait une vraie diſſolution. Il eût encore trouvé beaucoup d'autres difficultés à faire, s'il eût ſçû un fait qui quoique fort ſimple n'eſt pas connu de tout le monde, c'eſt que cette même quantité de toutes les autres chaux de plomb ſe diſſout avec la même facilité, & que cette diſſolution s'opére en une demi-heure de tems. Ce phénoméne n'eſt point aiſé à comprendre, à moins de ſçavoir parfaitement comment ſe fait le minium, & de ſçavoir pourquoi il n'y a qu'une maniere de lui faire prendre ſa couleur rouge, obſervation que je ne ſçache point encore avoir trouvée dans aucun Auteur.

Mais qui eſt-ce qui ignore que ces huiles diſſolvent auſſi des ſubſtances ſulfureuses, & que l'alcali fixe qui dissout parfaitement le Soufre, attaque aussi le cuivre & en tire une couleur d'un bleu verdâtre? Les alcalis volatils qui contenant, suivant Kunckel, beaucoup de *frigidum*, sont opposés directement à l'acide qui est son *calidum*, ont aussi la propriété de dissoudre le cuivre : sur quoi il est à propos d'observer que les alcalis fixes agissent beaucoup plus fortement que le principe sulfureux proprement dit, & même que le plus violent acide. Voici ce qui prouve cette vérité; on sçait assez que l'acide du Soufre ou du vitriol se combine avec un sel alcali de façon qu'il ne peut plus en être dégagé par un autre acide; mais lorsqu'on mêle un sel neutre ainsi formé, comme je l'ai dit, avec de la suie ou du charbon en poudre, dans cette opération il se forme du Soufre de nouveau, & l'on peut séparer ce Soufre uni avec l'alcali au moyen de l'acide le plus foible. Que peut-on conclure de-là, sinon que l'alcali ne tenoit point au Soufre par son côté salin ou par son acide, mais simplement par son principe inflammable?

Ce seroit vainement qu'on objecteroit qu'un acide très-foible dégage aussi le Soufre de l'alcali, & que l'on diroit que cela prouve la prééminence de l'acide; il ſuffit que cette expérience faſſe connoître que l'alcali non-ſeulement ſe ſaiſit aiſément du principe ſulfureux, mais encore qu'il s'y unit aſſez fortement, vû que dans les vaiſſeaux fermés & lorſqu'il n'y a point de contact de l'air, il eſt démontré qu'il ne s'en ſépare point, mais il le retient très-fortement.

Quoique ce qui vient d'être dit ſemble plutôt ſe rapporter au principe mercuriel qu'au Soufre, ſi l'on y fait attention, on trouvera que c'eſt ici le lieu d'en parler. En effet Beccher paroît être le ſeul qui ait remarqué que par la ſublimation que Geber indique pour la *mercurification*, il s'unit quelque choſe des charbons au moyen deſquels elle ſe fait avec les fleurs ou le ſublimé métallique.

Iſaac le Hollandois calcine tous les métaux en les expoſant pendant long-tems à un feu de flamme, en quoi Kunckel a raiſon de le louer; cependant le mercure ne ſe dégage point par-là, & ce n'eſt que par une ſublimation qu'il faut qu'il en ſoit ſéparé. J'ai déja dit quelque choſe plus haut de cette calcination d'Iſaac le Hollandois & de la ſublimation de Geber : que ſeroit-ce ſi par cette ſublimation de Geber le principe ſulfureux des métaux étoit diſpoſé à ſe ſéparer ensuite plus aisément ; & si par ce moyen on portoit une surabondance du principe mercuriel dans le métal qui a été intimement atténué & divisé ? Par-là ce mercure prend peut-être la forme de mercure coulant, mais il n'est plus dans l'état parfait d'un métal joint à son Soufre qu'il avoit auparavant, vû que tous les Alchymistes s'accordent à dire que les mercures des métaux rendus coulants ne doivent point être regardés comme aussi parfaits qu'ils étoient sous une forme solide. C'est ce qu'il paroît que Kunckel a voulu insinuer lorsqu'il dit que les mercures des métaux devenus coulants ne sont bons qu'à des utilités particulieres ; ce qui signifie qu'ils ne contiennent point quelque chose de propre à constituer la mixtion métallique parfaite & qu'ils sont encore moins en état de communiquer cet état.

Il y a aussi toute apparence que ceux qui ont comparé ces mercures métalliques devenus coulants, au mercure ordinaire, n'ont point eû en cela entiérement tort, puisque ces sortes de métaux tels que sont surtout le plomb & l'étain, ont si peu de l'autre principe, que lorsqu'il leur a été en partie enlevé, & en partie surchargé par la partie mercurielle, ces mercures deviennent *cruds* ou *froids* au point qu'on ne peut plus espérer d'en retirer rien de bon. Du moins toutes ces spéculations, fondées sur les hypothéses des Auteurs les plus éclairés qui ont écrit sur cette matiere, me semblent avoir un sens assez raisonnable.

Je ne décide point de ce qu'on a lieu d'attendre de cette espece de sublimation, lorsque le mercure n'a point été rendu coulant ou mis dans un état de fluidité parfaite, & si du moins par ce moyen on ne pourroit point parvenir à séparer les parties les plus disposées à la volatilité des substances grossiéres, étrangéres & terreuses. En effet, quoique ce soit un phénomène très-remarquable que de voir, par exemple, dans l'antimoine, une grande quantité de la substance terreuse s'élever & se sublimer entiérement, peut-être trouveroit-on encore par-là quelque chose de plus digne d'attention. Je vais rapporter quelques expériences en ce genre.

Si on répand de l'antimoine entier sur des charbons, ou si on le mêle avec du charbon, il se dissipe entiérement en fumée si l'on retient cette fumée; on obtient des fleurs ou un sublimé. Si on expose à l'action du feu l'antimoine seul sans y joindre de charbons, il s'éleve pareillement avec le tems, mais il a plusieurs dégrés de volatilité; ce qui est le plus volatil s'éleve d'abord, ensuite vient ce qui l'est moins, & enfin la partie la plus pesante s'éleve la derniere.

Si on dégage l'antimoine de son Soufre, & que l'on traite le régule tout seul, on peut le réduire entiérement en fleurs ou en sublimé. On y parvient très-promptement avec du charbon, mais plus lentement sans charbon ou avec du sel ammoniac.

Mais si on fait détonner l'antimoine avec beaucoup & le régule avec peu de nitre, pour le réduire en une poudre blanche, ou si, comme Kunckel le dit à la page 472 de son *Laboratoire*, on fait la *matiere perlée* de Crugner, ou même si on fait rougir de l'antimoine calciné, ou, ce qui vaut encore mieux, du régule pendant plusieurs heures, en observant de remuer continuellement, & en recommençant à triturer la matiere tant qu'elle se péloronne; alors on observe des effets tout différents, non-seulement dans la sublimation *per se*, mais encore dans celle avec les charbons, & même dans la parfaite réduction.

Il ne faut donc point mépriser les

obſervations & les expériences de Kunckel ; il eſt vrai que c'eſt une autre queſtion que de ſçavoir comment ces exemples peuvent être appliqués à d'autres métaux : c'eſt à la pratique à guider là-deſſus.

Je rapporterai encore deux expériences ; l'une a déja été décrite dans deux endroits, mais elle ne peut réuſſir ſi on n'a pas une juſte idée du feu de fuſion. Quant à l'autre, je ne l'ai trouvée dans aucun ouvrage, & elle n'a point été connue des perſonnes à qui, depuis 30 ans que je l'ai découverte, j'ai eu occaſion de la propoſer en problême ; cependant je l'ai communiquée à quelques-uns de mes amis. J'ai crû devoir en faire myſtère juſqu'à préſent, attendu qu'on peut en tirer du fruit pour le traitement des mines d'argent antimoniales, auſſi-bien que dans les travaux en petit.

La premiere expérience conſiſte en ce que le régule d'antimoine ſe combine aiſément & en grande quantité avec le fer ; on mêle enſemble une demi-livre d'antimoine crud avec un quarteront de cloux à ferrer les chevaux, ou de morceaux de lames de fer ; on fait entrer ce mêlange dans une fuſion parfaire, on y joint quelques onces de potasse, après quoi on remet encore autant de pointes de cloux ou de morceaux de fer battu, ou de fil de fer, jusqu'à qu'il n'en admette plus. De cette maniere il s'unit une grande quantité de fer avec le régule, comme on peut en juger par son poids, & ce régule qui est d'un gris noirâtre, est si dur, qu'il fait sortir des étincelles d'une pierre à fusil, comme feroit le meilleur briquet d'acier.

C'est au même but que tend aussi le procédé rapporté dans les *expériences Chymiques* de Digby. Il consiste à faire fondre deux parties d'antimoine & une partie de fer pour en faire un régule; on vuide le creuset, on sépare les scories encore chaudes, & tandis que le creuset est dans le feu, on y remet moitié autant de fer qu'il y en avoit auparavant: quand le mêlange est rentré en fusion, on y met quatre gros de nitre à deux reprises différentes, on remue le mêlange, on donne un feu convenable; par ce moyen ce fer se fond de nouveau & se joint au peu d'antimoine qui reste pour former un régule compacte d'une couleur pâle. Il faut pour cela bien entendre à gouverner le feu, sans quoi on ne réussit point.

La ſeconde expérience conſiſte à ſéparer le régule d'antimoine qui a été allié par la fuſion avec de l'argent, du cuivre ou même du plomb, ſans avoir beſoin pour cela d'y joindre ni du Soufre, ni du nitre, ni aucune autre ſubſtance ſaline, & à mettre ce régule très-promptement dans l'état d'une ſcorie ſtriée, de maniere qu'après que le creuſet ſera vuidé, ce régule qui dans la fuſion nâgeoit au-deſſus, pourra, après s'être réfroidi, ſe ſéparer parfaitement du reſte du métal; & il ſera ſi peu altéré que l'on pourra très-aiſément le purifier & l'employer à d'autres uſages.

On ſent aiſément de quelle utilité doit être ce procédé pour l'argent chargé d'antimoine; en effet ſi on paſſe de l'argent de cette eſpece à la coupelle, le régule eſt cauſe qu'il ſouffre une perte inévitable; au lieu que par le procédé dont je parle, le régule en eſt tellement ſéparé, que le peu qui y ſeroit reſté par mégarde ne mériteroit pas qu'on y fît attention. Et ce travail peut ſe faire de même avec la plus grande promptitude en grand. J'ai des raiſons qui m'empêchent de divulguer ce procédé, ainſi que pluſieurs autres qui peuvent également intéreſſer l'utilité ainſi que la curioſité.

Quant au Biſmuth, je me contenterai de dire qu'il peut auſſi ſervir à éclaircir la queſtion dont nous traitons ; c'eſt à chacun à faire attention aux expériences qu'il fera ſur ce demi-métal ; je ferai ſeulement obſerver que le Biſmuth a la propriété de communiquer à tous les alliages métalliques une fuſibilité prompte & parfaite, & en cela il ſurpaſſe le plomb avec qui il ſemble avoir beaucoup d'analogie ; il a ſur-tout cette propriété lorſqu'il eſt combiné avec le Soufre, qui rend le plomb difficile à fondre, tandis qu'il rend le Biſmuth preſque auſſi fuſible que du régule d'antimoine. On pourra tirer parti de cette propriété dans le départ de l'or par la voie ſéche, à moins que l'on n'ignorât entiérement de la maniere de s'aider ou d'opérer.

Le Biſmuth a encore une propriété qui lui eſt commune avec le plomb, c'eſt que lorſqu'on le fond avec l'étain il s'allume de la même maniere que le plomb, & ſe réduit en une cendre ou chaux d'un blanc jaunâtre ; d'un autre côté, à la coupelle il ne ſe change point comme le plomb, en une ſcorie vitreuſe, & quand il a été diſſout dans de l'eau forte, il ne ſe précipite point par le ſel marin, comme font le plomb & l'argent; cependant dans d'autres circonstances il paroît plus disposé à se volatiliser que le plomb, propriété dont on peut tirer avantage pour de certains procédés, sur-tout si on met à profit la maniere dont il se comporte avec le Soufre. Cette substance ne paroîtra point méprisable à ceux qui la connoîtront.

Kunckel ne s'est point expliqué aussi clairement que Glauber sur l'inflammation du plomb avec l'étain dont je viens de parler. Voici le fait; si l'on fait fondre ensemble trois parties de plomb avec une partie d'étain, en appliquant à ce mêlange un degré de chaleur aussi fort que celui du fourneau de coupelle, la matiére semble se gonfler, elle se couvre d'étincelles brillantes; mais cela se passe promptement, & le mêlange se change en une cendre ou chaux en petits grains. De ce phénomene, Glauber, sans être le premier, conclud que le plomb contient un nitre qui, selon lui, s'embrase avec le Soufre contenu dans l'étain, ou avec le *frigidum*, selon Kunckel. Mais il faut remarquer dans cette expérience que cette scintillation ne s'opére point lorsque l'on traite le mêlange de ces métaux dans les vaisseaux fermés; il faut nécessairement pour cela le contact de l'air, au point que si on fait cette expérience sous une moufle basse & que l'on fasse entrer un charbon ardent jusqu'au fond de la moufle, l'opération se fait beaucoup plus lentement; & lorsque la premiere chaux qui s'est formée à couvert toute la surface du mêlange, ce qui en reste s'allume beaucoup plus doucement; mais si on retire cette premiere chaux, le mêlange scintille de nouveau; l'on voit aussi que cette scintillation augmente à vue d'œil quand on fait entrer de l'air en y soufflant avec la bouche.

On sçait que le nitre produit tout un autre effet lorsqu'il s'allume ou détonne avec des matieres inflammables, car quelque précaution que l'on prenne pour fermer les vaisseaux, il ne laissera pas de s'eflammer avec ces matiéres, parce que, comme nous l'avons observé, il a déja dans sa combinaison saline la substance propre à souffler le feu.

On pourroit ici rétorquer le raisonnement de Kunckel qui demande si un Soufre peut en expulser un autre, & on pourroit lui demander si un nitre peut en chasser un autre; attendu qu'il rapporte avec raiſon, comme une choſe remarquable, que le plomb avec du nitre ſimple eſt réduit en chaux ou en litharge. Il remarque auſſi au ſujet de l'eſprit de nitre, qui eſt la partie eſſentielle de ce ſel, que lorſqu'on y fait diſſoudre du plomb, & qu'après en avoir enlevé par la diſtillation la partie aqueuſe, on laiſſe criſtalliſer ce qui reſte; ſi on expoſe au feu les cryſtaux qui ſe ſont formés, ils s'allument comme de la poudre à canon & briſent les vaiſſeaux. La même choſe arrive quoiqu'avec moins de violence, quand on fait diſſoudre de la rapûre de corne de cerf dans de l'eſprit de nitre, & quand on évapore enſuite la diſſolution juſqu'à ſiccité; alors ſi la chaleur eſt trop forte, le réſidu s'allume & ſe remplit d'étincelles.

Il n'eſt pas douteux que dans les deux cas la ſubſtance nitreuſe ne ſe trouve dans l'eſprit ou l'acide; lors donc qu'il s'unit avec une ſubſtance terreuſe déliée & y demeure attaché juſqu'à ce qu'il ſe faſſe un embraſement leger, & lorſque cette ſubſtance contient en même-tems quelque choſe d'inflammable, il s'allume avec elle de la même maniere qu'il fait dans le nitre, où il eſt retenu par un alcali, lorſqu'on vient à lui joindre une pareille ſubſtance inflammable.

Tout le monde connoît la maniere d'allumer le nitre, qui conſiſte à le faire fondre dans un creuſet, & à y jetter des morceaux de ſel ammoniac. Pluſieurs Chymiſtes ont regardé cette opération comme une fixation du nitre, & ce n'eſt pas ſans raiſon; mais on ſe tromperoit ſi on le regardoit comme un vrai nitre fixé pur, parce que l'acide du ſel marin y entre pour quelque choſe, & par conſéquent l'alcali n'en eſt point le même; cependant il eſt certain qu'une grande partie de cet acide ſe dégage, comme le prouve l'odeur de la vapeur ou fumée; & c'eſt-là *l'eau des lutteurs* de Baſile-Valentin, dont on a fait tant de bruit. Quoiqu'il en ſoit, cela prouve que les ſels alcalis volatils renferment encore dans leur combinaiſon intime une portion de ſubſtance graſſe & inflammable; vû que dans cette opération le ſel volatil du ſel ammoniac, à l'exception d'une très-petite portion, eſt tellement détruit & anéanti, que ſi l'on vient à examiner avec ſoin cette *eau des lutteurs*, on n'y trouve que très-peu de partie volatile, à l'exception de la petite quantité de ſel ammoniac qui s'eſt élevée corporellement, comme cela arrive ordinairement dans ces opérations à grand feu.

Glauber a fait une remarque qui n'a été entendue que par très-peu de personnes ; & quelque simple que paroisse l'observation que j'ai faite, lorsque j'ai parlé de l'eau qui est contenue dans la combinaison du nitre, & de la maniere dont elle est mise en expansion & en vapeurs par l'inflammation, je ne connois pourtant personne qui s'en soit avisé. Que sera-ce si l'on double cette expansion, & si alors elle montre une force beaucoup plus grande ; sur-tout si on la contrebalance, & on lui donne l'action par le moyen de la matiere inflammable ? Voici en quoi consiste l'expérience dont il s'agit. Si on fait brûler peu-à-peu de la poudre à canon dans une cornue, la vapeur ou la liqueur qui se dégage dans cette opération n'a que très-peu ou même point du tout d'acide du nitre, ni du Soufre, en sorte que l'on ne peut imaginer ce que ces deux acides sont devenus par l'inflammation rapide. Ce fait est d'autant plus remarquable que le Soufre est presqu'entiérement composé d'acide, & que le nitre en contient une portion assez considérable malgré cela ils disparoissent par l'inflammation. On n'a point d'alcali qui s'éleve, ni de portion terreuse sensible, avec lesquelles ces acides puissent se combiner, vû que pour faire la poudre à canon on prend des charbons réduits en une poudre très-fine, qui ne donnent presque point d'alcali, & qui ne donnent qu'une quantité imperceptible de terre ou de cendre. D'un autre côté l'on voit clairement que le mêlange de la poudre s'allume & produit une flamme beaucoup plus vive & plus grande que ne fait le Soufre seul, ou le charbon seul avec le nitre. Je crois que la façon la plus simple d'expliquer ce phénomène est de dire que la petite portion de matiere inflammable qui reste fortement attachée dans le Soufre & dans le nitre, lorsqu'elle vient à être secondée & fortifiée par celle qui est abondamment dans les charbons, produit non-seulement une inflammation, mais encore met en expansion l'eau contenue dans ces deux substances salines, ce qui donne de l'étendue à la flamme & cause la fulguration rapide.

Une expérience journaliere & connue même des enfans, prouve que c'est delà que vient toute la force de la poudre à canon. Qu'on prenne une demi-once de bonne poudre que l'on mettra dans un matras de terre d'une grandeur médiocre, on y adaptera un chapiteau, on placera le matras dans un réchaud rempli de charbon, & on se retirera : lorsque la poudre aura fait son effet, on n'aura qu'à retourner pour voir ce qui sera arrivé aux vaisseaux qui se seront brisés.

D'un autre côté, que l'on prenne une quantité double de poudre, on l'humectera assez pour qu'elle prenne corps, on mettra le tout dans des vaisseaux semblables à ceux de la premiere expérience ; que l'on allume la masse avec un charbon ardent, & l'on n'aura point d'explosion à craindre. Quoique ce fait soit connu de tout le monde, c'est une chose très-remarquable que la maniere dont l'inflammation est augmentée par la quantité de la matiere inflammable contenue dans les charbons, & celle dont la flamme s'étend par la petite quantité d'eau contenue dans la poudre ; d'un autre côté la grande quantité d'eau que l'on a ajoutée dans la seconde expérience, empêche & contrebalance la violence de l'embrasement au point qu'il s'opére beaucoup plus lentement & sans inconvénient. Mais

Mais une chose qui mérite d'être examinée dans ces expériences, c'est 1°. ce que devient ou ce qu'est devenu la matiere inflammable des charbons, du Soufre, & du nitre; 2°. ce qu'est devenu pareillement l'acide du Soufre & du nitre, puisque l'on n'en trouve plus dans la liqueur qui s'est élevée; 3°. de quelle nature est le sel que l'on peut ensuite en obtenir par la sublimation, & qui s'attache dans le chapiteau, aux parois du matras, & d'où peut venir un sel volatil qui n'étoit dans aucune des matieres précédentes. 4°. Il n'y a point lieu de soupçonner qu'aucun sel tel qui se trouve alors ait été dans le nitre, comme Becher pourroit donner lieu de le soupçonner, puisqu'il dit dans la définition du nitre ou plutôt de l'acide nitreux, qu'il renferme un sel volatil urineux, (*urinosum volatile.*) Mais il lui reste à prouver si, suivant le langage de l'Ecole, ce sel si trouve *actu secundo & formaliter*, & non pas simplement *actu primo in potentiâ, & materialiter.*

Il est sans doute fâcheux que Glauber n'ait point fait attention à ces sortes d'expériences, & ait passé tout d'un coup à des chimeres Alchymiques & médicinales, tandis qu'il auroit dû reconnoître la seconde espece de son *sel admirable*, dans le sel fixe qui reste le dernier & qui rougit dans la fusion ; & il eût vû que tout ce qu'on appelle des *fèces*, n'est point entiérement à rejetter. Mais il n'est que trop commun de voir les gens rester en chemin sans pousser les expériences jusqu'où elles peuvent aller, & se hâter de tirer des conséquences précipitées.

Dans l'expérience qui vient d'être rapportée, il faut sur-tout examiner les effets que peut produire l'inégale mixtion du poids dans la poudre. En effet quoique l'on juge ordinairement de la bonté de la poudre à canon lorsqu'elle s'enflamme promptement & donne une flamme claire sans rien laisser en arriere, cependant à la vûe de la fumée épaisse qui s'en éleve, on peut juger qu'elle contient encore beaucoup de particules fuligineuses : & de plus tous ceux qui manient des armes à feu sçavent assez qu'à force de tirer le canon d'un fusil, le chien & le bassinet se couvrent d'un enduit ou d'une crasse noirâtre & d'une poussiere grise, ce qui vient du Soufre & du charbon qui n'ont point été entiérement consumés. Et tout le monde sçait que lorsqu'on brûle de la poudre, il reste souvent des grains qui n'ont point du tout pris feu. Il vaut donc mieux faire soi-même une poudre bien composée, quand on voudra faire des expériences exactes, ou faire l'expérience de Glauber avec la poudre mouillée dont il a été parlé; ou faire une composition semblable à celle dont les artificiers se servent pour leurs mèches, dans laquelle il entre plus de charbon que dans la composition de la poudre à canon. D'un autre côté on observera aussi que ce n'est point la surabondance du charbon, qui empêche que le Soufre ne se consume entiérement, ce qui cependant ne se fait point trop aisément, ou qui peut être calculé en s'y prenant convenablement, vû que pour faire ces mèches, on employe beaucoup plus de charbon & de Soufre que pour faire la poudre à canon.

Ce qui résulte principalement de l'essai qui a été fait avec la poudre à canon, c'est 1°. l'anéantissement de la matiere inflammable, ou du moins sa dispersion & son atténuation en parties insensibles, que l'art ne peut plus rapprocher; 2°. l'expansion & la flamme qu'excite l'eau renfermée dans la partie saline du nitre & du Soufre; 3°. la décomposition qui s'opére en même tems de ces mixtions salines elles-mêmes. Ce dernier effet prouve d'une maniere incontestable qu'il entre de l'eau très-atténuée dans la combinaison intime des sels.

Je ne puis à cette occasion me dispenser de dire un mot de Kunckel, qui croit que c'est au combat du chaud & du froid qu'il faut attribuer ces inflammations; mais quand il réussiroit à expliquer par-là la détonnation, il ne pourroit point rendre raison du mouvement rapide qui se fait, ni de la flamme qui se dégage. En effet on est forcé de reconnoître dans ces circonstances quelque chose de vraiment corporel, ou de matériel, qui ne peut point être expliqué, ni par l'expansion de l'air, ni par de simples apparences, d'autant plus que Kunckel lui-même attribue le feu & la lumiere à un principe qui n'est autre que l'acide & que le *volatile frigidum*. Dans tous les exemples qui ont été rapportés, on voit clairement qu'on employe des substances corporelles qui se changent en feu & en flamme, qui sont susceptibles d'expansion & qui produisent ces effets par la promptitude avec laquelle elles sont mises en action. On sçait que l'eau seule est capable de produire cet effet, & elle fait explosion comme de la poudre, lorsqu'on la renferme dans le canon d'un fusil bien bouché, ou dans une grenade que l'on place au milieu des charbons.

Ce n'est donc point à des idées abstraites qu'il faut recourir pour expliquer ces phénomènes. Si Kunckel eût connu la combinaison du Soufre, & s'il eût réfléchi à son Phosphore, il se seroit assuré de l'existence d'une vraie substance corporelle, qui ne montre point une simple apparence de lumiere & de feu, mais qui réellement se change en feu & en lumiere; il n'eût point expliqué ces phénomènes par le combat inutile du froid & du chaud, & il se seroit plus occupé de la composition & de la décomposition des corps pour connoître leur vraie nature. Il est aisé de s'appercevoir que Beccher est quelquefois tombé dans le même inconvénient que Kunckel, & que souvent il s'est donné beaucoup de peines pour trouver des explications embrouillées; tandis que les phénomènes étoient susceptibles de démonstrations beaucoup plus simples.

J'ai déja fait voir plus haut que c'est l'expansion de l'eau contenue dans la combinaison saline, qui est cause de la flamme, d'autant plus que le principe inflammable n'eſt point par lui-même ſuſceptible d'expanſion, comme on peut le voir par les ſuies les plus déliées & par le charbon en poudre; mais lorſque ces ſubſtances ſont combinées avec beaucoup d'eau dans les huiles ténues, ou lorſqu'elles ſont étendues dans une plus grande quantité d'eau, comme dans les eſprits ardents, il s'éleve une flamme très-forte de ces ſortes de combinaiſons; & ſi on compare la flamme que donnent les huiles tirées par expreſſion & le Soufre lui-même, on verra que ces dernieres ſubſtances brûlent beaucoup plus lentement; ce qui prouve d'une façon ſenſible que ces matieres donnent de la flamme en raiſon du plus ou du moins d'eau qui entre dans leur combinaiſon, & qui y eſt plus ou moins groſſiérement unie.

Je ferai encore obſerver une expérience qui, quoique journaliere & commune, n'a point encore été rapportée par aucun Auteur. Lorſqu'on met dans un réchaud qui ne tire pas parfaitement, des charbons qui ne donnent pas une braiſe claire, on n'a qu'à y répandre du ſel avec la pointe d'un couteau, & ſouffler avec la bouche, ces charbons brûleront vivement & donneront même de la flamme qui s'élevera assez haut. De même si on répand du sel sur des charbons de bois dur & sur-tout de chêne, qui s'éteignent aisément sur-tout quand on empêche l'air de passer au travers, quand même ils seroient posés sur de la cendre, ils ne cesseront de brûler & de scintiller jusqu'à ce qu'ils soient réduits en cendre. Quelque simple que soit cette expérience, on peut en tirer du fruit.

On voit que dans cette expérience une grande partie du sel qui a été répandu sur les charbons doit s'évaporer : en effet si on met un vase ou un théyere sur ces charbons, il en est blanchi, & cet enduit ou cette suie a un goût de sel ; mais on ne trouvera point que ce soit un esprit de sel, comme Glauber l'a prétendu : c'est pourquoi il a raison de dire qu'au lieu de sel marin seul, il vaudra mieux l'employer après l'avoir mêlé avec du vitriol ou de l'alun : mais ce n'est point ici le lieu de parler des sels, il s'agit du principe inflammable.

J'ai encore quelques remarques à faire sur ce que Kunckel dit de l'inflammation du Soufre avec l'étain, le plomb, le regule d'antimoine, &c. Il a raison de dire que par-là ces substances métalliques souffrent de l'altération & du déchec ;

mais il eſt à propos d'examiner ce point avec plus d'attention que Kunckel ne l'a fait.

Je crois avoir ſuffiſamment prouvé que ces métaux contiennent, ainſi que le Soufre, une portion de ſubſtance inflammable. Kunckel eſt au fond de cet avis, excepté qu'il l'appelle un *frigidum*; mais je me flatte d'avoir prouvé aſſez clairement que cette ſubſtance eſt très-chaude, puiſqu'elle ſe change en feu. Si le Soufre agiſſoit lui-même ſur ces métaux & les pénétroit, Kunckel ſeroit dans ce cas enco plus fondé que pour l'argent, à dire qu'une portion du Soufre perd ſa ſubſtance volatile & n'eſt plus du Soufre parfait. Si l'on examine la choſe de près, tandis que l'acide du Soufre s'inſinue dans les parties les plus ſubtiles du métal, une portion de ſon Phlogiſtique eſt fortifiée & augmentée par le phlogiſtique analogue qui eſt contenu dans le métal, & par-là il ſe fait une flamme : alors la partie acide du Soufre eſt décompoſée, & le dégagement qui ſe fait de ſa partie aqueuſe, augmente la flamme.

Il y a plus de 30 ans que j'ai remarqué ce phénomène, dans un tems où je m'étois propoſé d'examiner le premier procédé de la *Concordance Chymique* de

Becher, ſur les travaux du plomb. J'avois mis pour cela près de 20 livres de plomb dans un matras de terre fait exprès & renflé par le milieu, que j'avois placé au bain de ſable; je donnai un feu auſſi modéré qu'il étoit poſſible pour ne faire que tenir le Soufre en fuſion; mais comme il reſtoit toujours dans ſon état de Soufre ſans attaquer le plomb, j'augmentai à la fin le feu. Il y a lieu de croire que par-là le fond du vaiſſeau vint à rougir obſcurement; alors toute la maſſe s'alluma tout d'un coup au point que le chapiteau fut renverſé & la flamme s'éleva fort haut, mais elle s'éteignit aſſez promptement.

Il faut encore obſerver ſur l'explication que Kunckel donne là-deſſus, que la maniere qu'il propoſe de faire la réduction avec la potaſſe ſeule, ne peut ſuffire pour prouver que la portion qui ne ſe réduit point n'eſt qu'une terre provenue du plomb, & que ce métal peut y être entiérement réduit. En effet, comme je l'ai fait remarquer dans le *Journal Chymique*, le Soufre combiné avec l'alcali, peut encore diſſoudre les autres métaux dans la fuſion, & même l'or; & lorſqu'on joint à ces métaux une grande quantité de ce ſel combiné avec le Soufre, il les réduit en poudre ou en chaux : mai lorsqu'il y a une petite quantité de c sel contre beaucoup de Soufre, il chang ces métaux en un régule soufré que l'o nomme *matte* dans les fonderies. On voi donc que l'on n'a pas plus lieu d'attendr de pouvoir, au moyen de la simple po tasse, opérer la réduction du plomb char gé de Soufre proposée par Kunckel, qu de pouvoir opérer une telle destructio par la seule sulfuration, sans compter ce qui se consume par l'inflammation qu se fait.

Quelques personnes sçavent assez l'effet que produit la sulfuration des métaux; mais comme cela n'est pas parfaitement connu de tout le monde, & comme bien des gens ignorent ce qui arrive à plusieurs métaux, je crois que le Lecteur ne sera point fâché si j'entre dans quelques détails sur cette matiere.

Si l'on mêle exactement parties égales de potasse purifiée & de Soufre pulvérisé, & que l'on porte ce mêlange par cuillerée dans un creuset bien rougi, en observant de remuer & d'attendre que la quantité du mêlange qu'on y aura mise soit entrée parfaitement en fusion; avant que d'y en porter un autre, il faut que la potasse soit parfaitement séche, afin qu'elle ne fasse point d'explosion, & l'on couvrira à chaque fois le creuset avec des charbons allumés : par ce moyen non-seulement le mêlange s'unira dans la fusion, mais encore quand on le vuidera, on observera d'étouffer la flamme du Soufre qui dureroit encore long-tems ; & lorsque le mêlange sera réfroidi au point de pouvoir y mettre la main, il aura la mollesse de la cire. Sur quoi il faut observer en passant, que ce mêlange contient en effet la moitié plus de Soufre qu'il n'y en a de combiné avec la potasse : on peut s'en convaincre en faisant dissoudre cette matiere dans de l'eau, alors il se dégage une grande quantité de Soufre, tandis que la partie de Soufre qui est combinée avec la potasse se dissout dans l'eau à qui elle donne une couleur jaune : cette dissolution évaporée jusqu'à siccité & fondue de nouveau, donne une matiere rouge comme du sang que l'on nomme *Hepar Sulphuris*, ou foie de Soufre. Si l'on fait fondre telle quantité qu'on voudra de ce sel surchargé de Soufre, & que l'on y jette une substance métallique quelconque, à l'exception du mercure, elle se dissoudra avec clarté tant que durera l'attaque : si on vuide le creuset, on trouvera que l'argent, le cuivre, le plomb

& le fer, donneront un régule noirâtre & cassant, il en sera aussi resté une portion dans la scorie sulfureuse, qui se déposera sous la forme d'une poudre noire quand on fera dissoudre le reste dans de l'eau. Cependant le Soufre seul, quand il a été fondu avec de l'alcali, & ensuite dissout dans de l'eau, dépose aussi une grande quantité d'une poudre noire, mais qui est très-légére & qui devient compacte par la déficcation, & qui blanchit.

L'étain & l'or fondus de cette maniere, présentent des phénomènes tout particuliers. En effet, si on fait dissoudre dans de l'eau chaude la masse produite par l'étain ainsi fondu, la dissolution est d'un brun foncé qui, lorsqu'elle est chaude, passe en grande partie au travers d'un filtre; mais en réfroidissant & en séjournant long-tems, il se précipite pareillement une poudre très-fine d'un brun foncé, & cependant la liqueur restante ne devient point claire.

Si l'on fait dissoudre dans de l'eau l'or qui a éte fondu avec du foie de Soufre, il se précipite aussi une poudre noire, mais la liqueur qui nage au-dessus est d'un jaune vif comme une dissolution d'or: si on verse du vinaigre dans cette liqueur, il se fait du *lait de Soufre* d'une couleur orangée ; quand on la précipite tout-à-fait, la couleur devient d'elle-même plus foncée ; mais si l'on décante la liqueur claire & que l'on verse le plus épais dans une assiette de porcelaine ou sur un vaisseau plat de verre de maniere qu'il soit exposé au contact de l'air, & qu'on l'édulcore ensuite avec de l'eau pure, cette matiere deviendra d'un brun foncé comme de la terre d'ombre : si on la séche, & qu'on l'allume avec un charbon ardent, le Soufre brûlera, & l'or dont il tenoit une grande partie en dissolution, restera, & sera d'une couleur jaune mais sans éclat ; cependant la poudre noire produite par la premiere dissolution qui est plus pesante, & qui est de l'or, qui contient aussi du Soufre, se dégagera beaucoup plus difficilement de ce Soufre, & aura plus de peine à se fondre parfaitement. D'un autre côté il faut pareillement observer que si l'on ne joint pas plus de Soufre à l'alcali qu'il n'en peut tenir, ou si on filtre la dissolution de cet alcali chargé de Soufre, qu'on le fasse ensuite évaporer jusqu'à siccité, & qu'on le fasse fondre ; qu'on s'en serve pour traiter les métaux, il ne les attaque que très-peu, ou même point du tout. Voilà pourquoi dans la réduction propoſée par Kunckel, on retrouve ſenſiblement du plomb ſur lequel l'alcali chargé de Soufre n'a pas pu agir fortement. Outre cela la matiere en poudre que l'on trouve, ou ce qu'il appelle la *terre noire*, n'eſt point, comme il prétend, une ſubſtance produite ſimplement par le plomb détruit, ni provenue de la potaſſe ſeule, mais elle a été produite en partie par le plomb chargé de Soufre, & en partie par une matiere brûlée provenue du Soufre. Je ne prétends point pour cela induire perſonne en erreur, d'après les promeſſes de Kunckel, qui prétend que par l'inflammation & par la réduction avec la potaſſe, la partie mercurielle du plomb ſe dégage de plus en plus, & que l'on eſt par-là plus à portée d'obtenir le ſel eſſentiel du plomb qui, ſelon lui, a été entiérement détruit. En effet je doute fort que l'on parvienne par ce moyen à obtenir le mercure du plomb, auſſi-bien que le ſel, qu'il vante ſi fort dans ſes obſervations; la choſe en elle-même ne paroît pas totalement impoſſible, mais c'eſt une autre queſtion que de ſçavoir ſi elle peut réuſſir de la maniere indiquée par Kunckel.

J'ai déja fait remarquer plus haut, qu'en faiſant fondre d'une maniere convenable du plomb avec un ſel alcali pur, & en obſervant d'y rejoindre ce ſel à pluſieurs repriſes, il attaquoit ce métal dans la fuſion. Or Kunckel donne une méthode pour tirer, quoiqu'en très-petite quantité, le mercure des métaux, ſimplement à l'aide de la chaux & à une chaleur très-foible. Je laiſſe à penſer comment il auroit réuſſi s'il eût employé le feu violent de la fuſion.

Je doute donc très-fort qu'au moyen de la méthode de Kunckel, qu'à l'aide de l'inflammation du métal & du ſublimé, ou desfleurs qui s'élevent avec le Soufre, on ſoit plus à portée d'obtenir un pareil mercure. Car quoique, comme on a pu voir juſqu'ici, je n'admette point la théorie de Kunckel, attendu que je regarde comme un être très-chaud & comme le principe qui ſert de baſe au feu, ce qu'il nomme *frigidum* & *ſal volatile*, quoique l'on doive bien obſerver que par *ſel* il n'entend point un être qui a de la ſaveur; cependant nous ne laiſſons pas d'être d'accord en un point, ſçavoir que je regarde cet être comme le principe des couleurs, & il dit de ſon ſel volatil qu'il fait paroître & exalte les couleurs; & nous pourrions auſſi nous accorder à reconnoître ce principe, ſinon comme faiſant toute l'affaire, du moins comme étant la disposition la plus prochaine & comme l'entrée à la vraie propriété mercurielle & métallique. C'est ce que me fait croire la maniere que j'ai indiquée de donner la ductilité & la métallicité aux substances métalliques imparfaites & non fixes; aussi-bien que la sublimation que Geber a proposée dans cette vue, & la sublimation *volatilisante* que Beccher a le premier indiquée, c'est-à-dire, la sublimation sans addition, pour parler le langage ordinaire.

Comme Kunckel a aussi parlé en peu de mots de la réduction de la lune cornée à l'aide de substances grasses, je me crois aussi obligé d'en dire quelque chose. Il observe que la lune cornée redevenue fixe par le moyen de la graisse, est difficile à fondre; comme elle retient quelque substance charbonneuse des parties grasses grossiéres, pour la faire disparoître tout d'un coup, j'y ai ajouté un peu de nitre, mais j'ai trouvé qu'elle étoit presque aussi difficile à fondre que du cuivre; la chose n'a pas mieux réussi avec du sel marin; enfin en y joignant une quantité assez considérable d'alcali, elle perd sa qualité réfractaire & elle reprend sa ductilité. Mais comme cette expérience n'est pas proprement du sujet dont nous traitons, je n'en dirai pas davantage.

La seule chose qui pourroit encore fournir matiere aux réflexions, c'est que le Soufre avec le mercure même s'enflamme, quoique avec moins de violence ; par-là il s'attache aux parois du vaisseau ou du matras, sur-tout quand il est étroit, un enduit ou une suie noire : cette inflammation est plus violente avec le régule d'antimoine ; avec le régule d'antimoine martial, il s'éleve des fleurs ou un sublimé rouge, comme du cinabre, lorsque le mêlange a été mis dans un vaisseau de terre ou dans un matras à long-co', &c.

## REFLEXIONS

### *Sur l'opinion commune sur la génération des Métaux.*

TOUS ceux qui se sont fait une juste idée des sciences, sçavent qu'il est impossible de parler raisonnablement des choses, à moins de connoître *à priori* les causes qui concourent à les produire, ou à moins d'examiner leur nature, leurs propriétés & leurs circonstances *à posteriori*. Il est encore très-aisé de sentir qu'il faut distinguer les principes que l'on veut connoître, d'avec les moyens que l'on employe pour parvenir à cette connoissance. Il ne s'agit donc point ici de disputer sur des vérités aussi démontrées ; il suffit d'observer que c'est faute d'avoir eû égard à ces distinctions, que l'on a trouvé jusqu'ici tant de difficultés à connoître les combinaisons Chymiques de minéraux : cela vient de ce que l'on n'a point suffisamment connu ces substances, ou si on les a connues, on n'a point sçu les comparer pour se mettre en état de juger de leur nature. C'est ce qu'on peut voir dans la question qui a été formée déja depuis si long-tems, pour sçavoir la maniere dont les métaux sont produits & croissent dans le sein de la terre.

Une des premieres difficultés que présente cette question, vient de ce que l'on n'a point encore démontré d'une façon claire & distincte, si tous les métaux & même les minéraux sont produits dans le sein de la terre, ou s'il n'y en a que quelques-uns qui en de certains lieux & dans de certaines circonstances sont dans ce cas. On sent aisément que si ce dernier cas a lieu, il doit naître une question toute nouvelle, & l'on demandera, si les nouveaux métaux & minéraux qui se forment, ne sont point produits par la transposition de ceux qui existoient déja.

Les plus anciens Auteurs qui ont écrit sur cette matiere, avoient déja des idées semblables lorsqu'ils nous ont représenté la génération des métaux se faisant sous la forme d'une vapeur ou d'une exhalaison qui se répandoit çà & là, ou qui se montroit sous la forme d'une matiere grasse, épaisse & fuligineuse; il paroît qu'ils ont été conduits à ces idées par ceux qui étoient versés dans les travaux des mines; ils leur ont appris que souvent dans les souterrains il régnoit des vapeurs sulfureuses & arsénicales, sensibles & semblables à des fumées, & qu'elles portoient souvent dans les fentes des pierres & à leur surface des enduits luisants de différentes espéces; tandis que d'un autre côté on trouve en de certains endroits des filons dont une portion s'est décomposée & sont restés dépourvûs de mines, comme rongés & épuisés: vérité qui est prouvée par des exhalaisons semblables, qui se manifestent même à la surface de la terre par les couleurs qu'elles y font paroître. Mais la destruction ou la décomposition que l'on remarque dans certaines mines qui étoient par filons, semblent devoir faire soupçonner que celles que l'on trouve formées de nouveau en d'autres endroits, n'ont point été produites par la combinaison de nouveaux élémens ou principes, mais n'ont été que transportées d'un lieu dans un autre, ou tout au plus ont été changées en un métal d'une autre espece par une nouvelle accrétion.

Ceux qui s'occupent du travail des mines, se servent d'une façon de parler qui mérite toute l'attention des Physiciens, lorsqu'ils disent que les *filons des mines s'ennoblissent par les substances minérales qui viennent accidentellement s'y joindre.* Il y a déja long-tems que j'ai été surpris de voir que personne n'ait examiné, si par *ennoblir* on entend qu'il se trouve une plus grande quantité d'un métal de la même espece, c'est-à-dire, si l'on veut dire qu'un filon devient plus riche & plus chargé de métal, ou que ce filon change de nature & devient chargé de mine d'argent rouge ou blanche, &c. ou s'il s'y enfante pour ainsi-dire, une autre espece de métal; soit parce qu'il est venu s'y joindre un principe métallique d'une autre nature, soit parce que ce principe est passé d'un métal dans un autre.

Je rapporterai à ce sujet un exemple sur lequel j'ai fait beaucoup de réflexions depuis un grand nombre d'années, & sur lequel depuis peu de tems j'ai reçu des éclaircissements de la part d'une femme plus versée dans la Chymie & dans l'Alchymie, que ne sont plusieurs hommes qui se piquent de méditations profondes; on pourra en faire des applications dont on tirera de très-grands fruits.

Les Chroniques des mines de Saxe nous apprennent qu'avant l'an 1400 l'on exploitoit une mine de fer que l'on traitoit à la forge à Schneeberg en Misnie, qui dans ce tems-là n'étoit qu'une montagne déserte & couverte de forêts. Plus on enfonçoit en terre dans le travail de cette mine, plus le fer devenoit d'une mauvaise qualité, ce qui détermina enfin les Intéressés à abandonner leur entreprise & à congédier les Ouvriers; mais en 1401 un Bourgeois d'une Ville de Thuringe étant venu à passer par cet endroit, rencontra un Ouvrier qui travailloit dans ces mines, & l'ayant acosté, l'Ouvrier se plaignit de la dureté de son travail & de son inutilité, puisque le fer qu'on en tiroit n'étoit plus de vente, parce qu'il se fondoit comme du plomb, & s'éclatoit sous le marteau. Là-dessus le Bourgeois lui demanda un échantillon de cette mine, disant qu'il la feroit voir à un de ses parens qui peut-être trouveroit un moyen d'en tirer parti. Arrivé chez son Parent qui étoit essayeur, ils trouverent que c'étoit une grande quantité d'argent qui rendoit ce fer d'une mauvaise qualité; ils eurent la prudence de profiter de cette découverte qui les a enrichis eux & leur postérité. Plus on s'enfonça dans cette mine, plus elle se trouva riche en argent, & l'on peut voir dans la Chronique de Philippe & d'Albinus, pour combien de millions on en tira d'argent dans l'espace de 79 ans. Mais ensuite cette mine si riche en argent disparut peu-à-peu & se changea enfin en pur cobalt ou arsénic, dont jusqu'à ce jour on ne peut plus tirer que de la mort aux rats & du bleu de saffre, ce qui dédommagea en partie par l'usage que l'on fit de cette invention qui est dûe aux Allemands, pour le bleu d'empoix & pour peindre la fayance & la porcelaine.

On voit donc que dans cet endroit la mine de fer occupoit la partie supérieure, au milieu il y avoit une grande quantité d'argent pur, & tout au fond se trouvoit l'arsénic, qui est si volatil, si corrosif & si pénétrant. Que conclure raisonnablement de-là ? sinon que le cobalt avoit agi sur la mine de fer, qui étoit au-dessus de lui & lui avoit porté l'argent, ou l'avoit changé en ce métal précieux.

Ce qu'il y a de certain, c'est que la femme dont j'ai parlé & que j'ai très-bien connue, avoit un secret au moyen duquel, à l'aide de quelques additions, elle tiroit une quantité d'argent assez considérable du cobalt, en quoi elle a justifié les idées que j'avois toujours eues que ce travail pouvoit être fait en grand.

J'espere qu'on me pardonnera cette digression. Je reviens à la question principale sur la formation & la production des métaux. Il me semble que Kunckel y satisfait aussi raisonnablement qu'aucun autre Chymiste, lorsqu'il dit, qu'il y a tout lieu de croire que les métaux ont été placés dans le sein de la terre avant le déluge universel & même dès le tems de la Création, puisque la Génése nous dit que

*Tubalcaïn*, que quelques-uns regardent comme le Vulcain du Paganiſme, *fut habile en toutes ſortes d'ouvrages d'airain & de fer* : autorité qui doit être d'un très-grand poids.

La queſtion dont il s'agit nous préſente pluſieurs circonſtances très-dignes d'attention.

1°. Il faut mettre une grande différence entre les mines qui ſont par veines ou par filons ſuivis, & celles qui ſont répandues çà & là dans des vénules, en marron dans des creux, ou qui ſont attachées à la ſuperficie des pierres.

2°. Il y a des mines qui ſe trouvent élevées au-deſſus du niveau de la terre dans des Montagnes & dans des Collines, tandis que d'autres ſe trouvent au-deſſous du niveau de la terre & à des profondeurs conſidérables.

3°. On regarde les filons qui s'enfoncent perpendiculairement dans le fond de la terre, comme plus conſtants & plus avantageux, que ceux qui marchent horiſontalement.

4°. On a obſervé que plus ces filons s'enfoncent, plus ils ſont riches en métaux.

5°. Lorſque les filons ſont parvenus à une profondeur où ils ſont continuelle-

ment

ment couverts par les eaux, ils ſont d'une meilleure qualité que lorſqu'ils ſont plus élevés & plus proches de la ſurface de la terre, où ils ſont à ſec ou ſimplement humides, parce qu'alors ils ſont expoſés à ſouffrir des altérations & des diminutions ſenſibles, ſur-tout ſi la roche qui les accompagne eſt poreuſe ou remplie de fentes qui donnent paſſage à l'air, & ſuivant que la terre qui les couvre eſt propre à retenir l'humidité & les exhalaiſons.

6°. Une circonſtance encore très-eſſentielle, c'eſt l'homogénéité & la continuité de la roche qui ſert d'enveloppe au filon, ſur-tout de celle qui le couvre & de celle ſur laquelle le filon eſt porté, ainſi que la roche qui lui ſert de liſiere par les côtés où ſouvent le filon eſt tranché & ſéparé du reſte comme avec un couteau, ou comme égaliſé avec un rabot.

7°. Une circonſtance qui eſt encore à obſerver, c'eſt la direction d'un filon relativement aux quatre points cardinaux, qui ſont, le Nord, le Sud, l'Eſt & l'Oueſt.

Il n'y a que deux choſes à conclure de ces circonſtances réunies ; ſçavoir 1°. que ces roches ont dû être diſpoſées de cette maniere dès le commencement du monde, & que les intervalles ou espaces qui sont entr'elles sont demeurés vuides, & par conséquent ont fourni un passage aux mines métalliques, qui sont venues les remplir par la suite. Ou bien 2°. il faut supposer que les mines métalliques y ont été formées par ces roches pour les garantir & leur donner de la solidité.

Premierement, dans la premiere supposition il faut que le métal qui est entré dans ces intervalles vuides, y ait apporté avec lui une grande quantité de substance terreuse & étrangere, ou bien l'y ait trouvée; en effet on sçait que toute les mines contiennent au moins un tiers & même quelquefois les trois-quarts d'une matiere non métallique, terreuse & vitrescible.

En second lieu, si cette substance terreuse eût été déja dans ces intervalles vuides, dans lesquels les exhalaisons métalliques se sont déposées & attachées comme dans une espéce de matrice, il faudroit que cette substance terreuse eût été incorporée sur le champ avec les roches, dès leur premiere formation, ou il faudroit qu'elle n'y eût pénétré que par la suite.

En troisieme lieu, si ce dernier cas étoit vrai, il faudroit que la substance terreuse qui y a pénétré, y eût été poussée par la substance terreuse du reste des roches qui composent la montagne.

En quatrieme lieu, la substance métallique ne se seroit point simplement renfermée dans les espaces qui se trouvent dans la roche, mais encore elle se seroit étendue dans le reste de la substance terreuse de la même nature.

En cinquieme lieu, on trouve au contraire très-souvent que la roche environnante & par laquelle un filon passe, n'a aucune ressemblance avec celle qui est dans le filon, & ne contient pas la moindre particule du minéral qui s'y trouve.

Toutes ces circonstances font que l'on peut conjecturer avec beaucoup de vraisemblance, que les mines qui se trouvent par filons y ont été placées dès le moment de la création & de l'arrangement de l'Univers. Ce qui fortifie cette conjecture, c'est que souvent on trouve des mines par couches & par fragments qui ont plusieurs toises d'épaisseur & qui ont une étendue considérable en largeur, n'ayant été formées que des débris arrachés des filons &

entraînés ailleurs par une violence très-grande, comme on peut en juger par les morceaux de roches qui sont encore attachés à ces mines, & par la distance où ces fragments ont été portés. Il n'y a qu'au déluge universel, aux tremblements de terre & aux écroulements qui l'ont accompagné, que l'on puisse attribuer des effets aussi violents, & par conséquent ces filons ont dû exister antérieurement au déluge.

A l'égard des exhalaisons ou émanations, il y a aussi tout lieu de croire que les matieres qui doivent servir à la formation des métaux & des minéraux, ont beaucoup de peine à se mettre dans l'état d'une vapeur humide & à voltiger çà & là. En effet, les expériences qui ont été rapportées dans le cours de cet ouvrage, font voir clairement que le Soufre parvient beaucoup plus aisément à la combinaison qui lui est propre, sous une forme solide, que sous une forme fluide. Pareillement les mines métalliques qui ont le moins de fixité, se décomposent, se détruisent & se dissipent beaucoup plutôt par une humidité médiocre, que par une humidité trop forte ; cela peut nous faire sentir la raison pourquoi l'on rencontre des productions minérales qui paroissent toutes neuves plutôt dans les parties élevées des hautes montagnes, que dans la profondeur, & cela sans avoir toutes les circonstances qui caractérisent les mines par filons. C'est encore plutôt dans ces parties élevées, que dans les profondeurs, que l'on rencontre des filons dont les mines ont été comme détruites & décomposées, & pour ainsi dire, comme brûlées; & je le répete, cela arrive plûtôt dans les endroits exposés à l'air, que dans ceux qui sont couverts d'eau.

Ce qui vient d'être dit peut jetter beaucoup de jour sur les deux questions, si les mines se forment dans la terre, & de quelle maniere cette formation s'opére. Mais il se présente une autre difficulté qui n'est point aisée à résoudre, c'est de sçavoir comment les mines étant produites par ces sortes d'exhalaisons, elles peuvent être transportées à une distance souvent considérable. Si ces sortes d'exhalaisons sont portées si rarement & en si peu d'endroits que le sont celles où l'on soupçonne des mines par les signes sensibles, par les couleurs minérales & les terres colorées qui peuvent les faire conjecturer, comment se fait-il, par exemple, qu'on ne trouve dans toutes les parties du monde connu que très-peu de mines de mercure, tandis pourtant qu'il y a une si grande quantité de mines de Soufre, soit sans autre métal, soit combiné avec eux, quoique malgré cela on n'apperçoive pas le moindre vestige du mercure ou de cinnabre dans la plûpart de ces substances sulfureuses?

Il me paroît encore bien plus difficile de concevoir l'opinion de ceux qui attribuent la formation des métaux à une influence particuliere des Astres; en effet comment concevoir que leurs rayons se dispersent & agissent d'une maniere isolée? Et comment n'opérent-ils pas plus fréquemment qu'on ne peut le présumer, à la vûe du petit nombre des filons métalliques que l'on rencontre? Joignez à cela qu'il faut que ces rayons Astraux agissent plus fortement de la circonférence au centre, & fassent sentir leur impression à une profondeur que l'on ne peut sonder.

En un mot, toutes les circonstances que l'on remarque constamment dans les mines par filons & abondantes, ne peuvent me persuader que ces combinaisons métalliques soient dûes à des exhalaisons qui en se répandant, vont les porter dans des intervalles aussi étendus que les filons, & produisent des quantités aussi considérables de mines d'une même espece ; & je crois encore moins que cela puisse se faire en un petit nombre de siécles. En effet, en voyant des amas immenses de mines, qui continuent à être de la même qualité dans une étendue de terrein quelquefois très-considérable, il est impossible de concevoir que des masses aussi prodigieuses ayent pû être formées, soit par des exhalaisons, soit par des sucs ou liqueurs qui se sont condensées & qui se sont devenues assez compactes pour remplir les espaces vuides des filons.

Il est bien plus aisé de concevoir les altérations qu'ont pût subir les filons métalliques déja formés par différentes causes, par les alternatives de la chaleur & de l'humidité, par la longueur du tems, par les substances salines qui sont venu s'y joindre & par d'autres accidents qui ont charrié & transporté les substances dissoutes & décomposées d'un lieu dans un autre, & en ont fait des combinaisons entiérement différentes des premieres, non-seulement pour l'extérieur, mais encore pour l'intérieur.

Mais par ces transports les mines ne se trouvent point disposées d'une maniere si constante & si réguliere que dans les vrais filons ou veines métalliques, à moins que par hazard ces substances n'eussent pénétré dans un filon déja tout formé, & n'eussent changé la qualité de la mine qui y étoit contenue, & par là ne l'eussent amélioré ou détérioré.

C'est proprement cette nouvelle formation des mines qu'il faut examiner pour voir comment elle peut s'opérer. Mais je crois qu'avant que d'en parler, il est à propos de dire encore quelque chose des changements accidentels qu'éprouvent les vrais filons, que je regarde comme formés dès la création ou l'origine des choses.

J'ai souvent médité sur les crystallisations, ou sur les pierres solides, transparentes & régulieres que l'on nomme *fluors*; Beccher & Kunckel m'ont conduit à ces réflexions, le premier sur-tout qui regarde le principe qui donne la fixité aux métaux, comme une substance qui dans son état de pureté & d'homogénéité est semblable au verre: joignez à cela que la plûpart des autres attribuent à ce principe la fusibilité des métaux; sur quoi je suis du sentiment de Becher, & j'entends seulement que ce principe contribue à la fusion fixe au feu, non en tant qu'elle se fait dans le feu, mais en tant qu'elle soutient l'action du feu. D'un autre côté, il y a déja 38 ou 40 ans que Kunckel m'a fait naître une réflexion, lorsqu'il dit dans ses *Observations*, en parlant du sel métallique tiré suivant son procédé, que ce sel prend la forme de l'alun de plume, & qu'ensuite ni l'eau, ni les dissolvans acides, ni le feu lui-même ne pouvoient en venir à bout, & que tout ce qu'il a pû faire, a été de le faire entrer en fusion avec des fondants convenables, & de le convertir en un verre d'une couleur laiteuse. Comme en effet on trouve des crystallisations sur-tout de certaines especes de métaux dont la forme extérieure est semblable à du fromage mou, & qui intérieurement sont d'un tissu semblable à celui de l'alun de plume. J'ai regardé le sentiment de Becher sur la nature de la combinaison intime de ces pierres, comme le plus probable, & j'ai pensé en même tems que ces crystallisations pouvoient bien être le superflu du principe terreux des métaux qui n'a pas pû entrer dans la combinaison des mines, & que cette substance avoit pris la forme qu'on lui trouve ; par le mouvement & par l'exhalaison accidentelle de ses parties les plus volatiles. En effet, le coup d'œil suffit pour convaincre que ces concrétions prennent leur accroissement de l'intérieur à la surface, quoiqu'il soit assez probable qu'il viennent aussi s'y joindre quelque chose sous la forme de vapeurs qui s'attachent à la surface extérieure.

Il y a deux phénomènes à remarquer sur ces sortes de crystallisations, sur-tout sur celles qui sont ou jaunes comme des hyacintes, ou vertes comme des Emeraudes, ou violettes comme des Améthystes, que l'on rencontre principalement dans la mine d'étain ; c'est 1°. que si on les entoure avec de l'argille détrempée, & qu'on les fasse rougir doucement, elles communiquent à l'argille quelque chose, qui fait que si on vient à la mouiller de nouveau, elle répand une odeur de Soufre dissout. 2°. Si on pulvérise ces crystallisations grossiérement, & qu'on ne se contente pas de les chauffer jusqu'à ce qu'elles commencent simplement à rougir, ou qu'on les place sur un poële échauffé, elles deviennent phosphoriques, ce qui dure assez long-tems ; mais cette qualité disparoît si on les fait rougir entiérement, & alors la couleur de ces crystaux devient plus obscure. C'est-là ce que M. Balduinus a nommé *Hesperus*, suivant que je l'ai appris de M. Pfund, qui avoit été son disciple.

Nous trouvons pareillement dans le voisinage des filons métalliques des substances de toutes sortes de couleurs & de consistances, qui se sont attachés çà & là, qui sont sorties des roches, & qui se sont insinuées dans les fentes & dans les cavités ; les Mineurs les désignent sous les noms de stalactites, d'incrustations, de concrétions, de *Glimmer* & de *Guhrs*. Il faut observer à leur sujet 1°. que ces substances ne se trouvent point fort abondantes, elles ne sont point suivies & ne se rencontrent point indistinctement avec tous les filons. 2°. Elles ne se trouvent point communément dans les filons qui, posés horisontalement, ont toujours séjourné dans l'eau, mais on les trouve près des filons qui sont à sec, & qui sont remplis de fentes.

Il seroit à souhaiter qu'à l'avenir on examinât plus attentivement les endroits du filon où ces substances se trouvent, & sur-tout où l'on rencontre les *Guhrs* qui sont solides & onctueux, & qu'on les comparât avec les endroits du filon qui ont précédé & qui suivent, pour voir s'il n'y auroit point de différences notables, qui mériteroient bien d'être considérées soigneusement, quoique la plûpart des Mineurs qui ne cherchent que le profit, & la plûpart des Chymistes vulgaires, n'y fassent nulle attention.

A l'égard des substances que l'on appelle *fluors*, & qui sont des crystallisations fusibles, il y a plus de trente ans que j'ai oüi dire à des Minéralogistes que lorsqu'on les joint à des mines réfractaires, elles en facilitent la fonte, mais qu'elles enlevent une portion de la partie métallique; ce qui signifie qu'en joignant ces *fluors*, aux mines on en obtient moins de métal, que l'on n'auroit fait sans cette addition; surquoi l'on a lieu de se plaindre de la difficulté que l'on a à déterminer les fondeurs à se départir de la pratique qu'ils ont une fois embrassée pour faire des recherches, afin de tenter des moyens de s'assurer d'où peut venir ce déchet, & de voir si la partie métallique seroit restée dans les scories, ou si elle se seroit dissipée en fumée. Si l'on trouvoit que la chose se fût faite de la seconde maniere, cela viendroit, ou 1°. de ce qu'une partie de la ſubſtance métallique a été rendue volatile & emportée par la ſubſtance ténue & volatile qui étoit déja dans les *fluors* colorés ; ou 2°. cela viendroit de ce que le principe de la fixité étant ſurchargé par cette matiere de la même nature, & étant changé en une ſcorie vitreuſe, eſt enlevé aux autres parties élémentaires volatiles & métalliques, par-là dégagées de leur lien, qui ſont diſſipées par la grande chaleur, & conſéquemment la mixtion métallique eſt détruite, ce qui peut alors cauſer le déchet dont nous parlons.

Parmi toutes ces circonſtances, j'inſiſterai ſimplement ſur celle que j'ai fait remarquer il n'y a qu'un moment, ſçavoir que ces ſubſtances colorées qui n'ont aucun nom & aucun uſage marqué, & que les Mineurs appellent tantôt *guhrs*, tantôt *ſuie* ou *rouille*, &c. ne ſe trouvent qu'aſſez rarement & près des filons de mines d'une même eſpece, & qu'on ne doit point les mettre au rang des minéraux ordinaires ou qui ont été formés de tems immémorial ; il eſt plus naturel de conjecturer qu'ils ont été produits par la diſſolution des combinaiſons métalliques, & quand ils ont été entraînés encore plus loin, ils doivent avoir été réduits en vapeurs & portés dans cet état en d'autres lieux appropriés, où ils forment une nouvelle combinaison lorsqu'ils y rencontrent non-seulement une matrice, (*matricem*); mais encore une nourrice (*nutricem*); & alors ils font une nouvelle mixtion métallique que l'on peut appeller une vraie génération d'un metal. D'un autre côté, pour peu qu'on soit au fait du travail des mines, on sçait que l'on ne peut guère compter sur ces sortes de mines qui ne sont point suivies & par filons réguliers; & ceux qui ont le plus d'expérience ne les regardent que comme de bons signes, & des indices favorables qui annoncent la proximité d'un vrai filon & qui sera d'une meilleure qualité; par où ils nous font entendre qu'ils ne regardent ces substances que comme des excroissances (*apospasmata*), & comme des productions faites par des matieres qui se sont séparées des vrais filons. Les Chymistes profonds qui se donnent tant de peine pour tirer les principes des métaux déja formés, pourront voir s'il n'y auroit pas plus de facilité à les trouver dans ces sortes d'excroissances qui accompagnent quelquefois les filons ; il est certain que j'ai ouï dire qu'il y a des gens qui recherchent soigneusement, & qui payent grassement des substances minérales de cette espece, sur-tout lorsqu'elles sont bien colorées, très-fines & très-onctueuses. On pourroit cependant conjecturer qu'on les cherche pour les faire entrer dans la composition de certains émaux ou verres colorés ; ce que je rapporte simplement comme une observation qui mérite l'attention des curieux.

Je ne puis maintenant me dispenser de parler d'une façon dont les métaux se produisent, qui est fort vantée dans les ouvrages des Philosophes ou des Alchymistes, qui croyent que c'est une substance vitriolique qui est la mere de tous les métaux. Je dis une substance vitriolique, & non le vitriol tel qu'il se fait par l'art ; je ne parle pas même du sel vitriolique, puisque les partisans de cette opinion prétendent que cet être salin n'est qu'une excrétion accidentelle, vû que cette substance n'a au fond rien de salin, de savoureux, d'acide & encore moins de corrosif. Mais lorsqu'on demande où cette prétendue substance se trouve dans le sein de la terre, on est arrêté sur le champ. Cependant on nous indique trois preuves pour rendre la chose probable. La premiere est assez raisonnable, mais elle annonce plutôt la possibilité de la chose que sa réalité. La seconde est vraie & réelle, mais elle n'est point assez étendue, vû qu'elle n'est point appliquable à tous les métaux & minéraux, mais seulement à un petit nombre d'entre eux; & de plus elle ne parle point de cette substance générale & non altérée, mais d'une substance que l'on regarde déja comme dénaturée & comme spécifiée. D'où il suit que la troisieme preuve est infirme, puisqu'elle s'appuie sur des faits imaginaires & contraires à l'expérience.

Je vais examiner ces preuves dans leur ordre, voir si elles peuvent être admises & jusqu'à quel point, & si elles s'accordent avec la nature du regne minéral.

La premiere preuve est fondée sur ce qu'on nous dit que cette substance est humide, propre à se réduire en vapeurs, & composée de particules déliées, caractères qui conviennent aux sels. D'après ces propriétés, on se figure 1°. que cette substance est semblable à une vapeur humide, & 2°. qu'étant sous la forme d'un fluide, elle peut pénétrer & imbiber toutes les pierres & terres tendres, molles & gersées. Outre cela on regarde comme très-probable qu'à cette substance atténuée, soit en vapeurs, soit fluide, il peut encore se joindre une autre substance très-divisée en molécules extrémement déliées; qu'alors, suivant l'énigme d'une Prophetesse Alchymique, *une fumée en saisit une autre*, que cette substance qui est sous la forme d'un fluide aqueux propre à détremper, va agir sur les molécules analogues des autres principes, qui sont répandues & cachées dans une terre plus grossiere, & qu'elle les enchaîne & les incorpore avec elle. Jusqu'ici tout va bien, & l'on peut admettre qu'une substance ainsi disposée peut produire ces effets. Il ne reste plus qu'à prouver l'existence d'une telle substance, & à faire voir qu'elle opere de cette maniere. J'ai été moi-même assez simple autrefois pour chercher cette matiere primitive de l'être salin dans son état de pureté; mais après avoir acquis de l'expérience, je sentis le vuide de ces imaginations. N'ayant jamais pû trouver cette substance *à priori*, je fus obligé de la chercher *à posteriori*, & je trouvai d'abord qu'il falloit que cette substance que l'on prétend être la base de la génération des métaux & des minéraux, fût extrémement abondante, vû la prodigieuse quantité de métaux & de minéraux que l'on trouve dans le sein de la terre : je sentis qu'il étoit bien étrange que l'on ne pût rencontrer nulle part une matiere qui nécessairement devoit être en si grande quantité, & dont on ne voyoit des indices que lorsqu'elle s'étoit accumulée dans les montagnes, d'où l'on avoit ensuite tant de peine à la détacher.

En second lieu, je consultai le coup d'œil, & je vis qu'il y avoit non-seulement des petites vénules minces, mais même souvent des filons de plusieurs toises d'épaisseur, qui étoient remplis de mines compactes, & quelquefois de mines mêlées de quartz, de terre, d'ardoise, qui, suivant ce sentiment, ont dû être formées par des exhalaisons salines; Comment est-il possible d'imaginer qu'une matiere si subtile, si efficace ait pû agir d'une façon si marquée, sans produire un changement notable, sinon sur-toute la roche environnante, du moins sur les parties qui sont les plus proches du filon? On medira peut-être que cela se fait par un magnétisme; mais comment me persuadera-t-on que ce magnétisme ou cete attraction faſſe que les molécules voltigeantes s'attachent ſi fortement les unes aux autres que l'on peut à peine les détacher à coup de cizeaux & de maillets ? Comment ces molécules en vapeurs, qui ont été miſes en expanſion, ſont-elles tellement attirées vers un ſeul point que l'on n'en remarque aucun veſtige à peu de diſtance de l'endroit où elles ſe ſont amaſſées ? Pour peu que l'on ait d'idée de l'expanſibilité des vapeurs, on ne pourra jamais concevoir que celles dont nous parlons aient été préciſément reçues & renfermées dans les bornes étroites des filons.

En un mot, je ne crois pas être le ſeul qui refuſe d'admettre une pareille attraction magnétique des vapeurs qui voltigent. Cependant on ne peut nier que ces vapeurs, en ſe dépoſant & ſe condenſant, ne puiſſent par-ci par-là former une petite quantité de métal, ſur; tout dans les endroits où elles ſe portent en plus grande abondance, & où par les fentes qui s'y trouvent, elles peuvent ſe ſuccéder & avoir de la continuité. Mais il s'agit ici d'examiner ſi ces vapeurs ſont vitrioliques, & ſi l'on eſt en droit de leur donner ce nom. Pour en décider, il faut examiner les argumens dont on se sert pour appuyer la seconde preuve dont j'ai parlé.

Ceux qui regardent ces vapeurs comme vitrioliques, se fondent sur ce que différentes espéces de mines produisent, soit d'elles-mêmes, soit par le secours de l'art, une substance qui est évidemment vitriolique : d'où ils concluent que la partie métallique des mines est due à cette substance, & que le reste n'est qu'une portion superflue de matiere crue, qui, suivant le langage des plus simples, n'a point encore été suffisamment cuite, ou qui, suivant les plus éclairés, n'a point rencontré une quantité suffisante des autres principes métalliques, ou n'en ont point eu dans une proportion suffisante. Ceux qui sont de ce dernier sentiment, alléguent, pour l'appuyer, le Soufre, qui se trouve dans presque toutes les mines métalliques, à l'exception de celles d'or, & sur-tout dans celles de cuivre & de fer, dans lesquelles il produit le plus facilement le sel que l'on appelle vitriol. Les plus habiles ont remarqué que l'acide contenu dans le Soufre, étoit le même que celui que l'on trouve dans le vitriol : les plus ignorants ont cru que c'étoit le feu qui faisoit cet acide.

Pour juger de la force de ces raisons,

il faut commencer par examiner la troisieme preuve qu'on allégue, que nous avons déja dit être insuffisante ; elle est fondée sur ce qu'on prétend qu'il se trouve une pareille substance vitriolique dans toutes les espéces de mines, ou du moins qu'il s'y trouve quelque chose de sulfureux. Nous avons déja remarqué que ce principe n'étoit point vrai, du moins pour l'or ; de plus on ne peut trouver de vrai vitriol, que dans les mines de cuivre & de fer, ou dans celles où ces deux métaux sont mêlés. Quant à la petite quantité de vitriol que l'on découvre dans d'autres mines, telles que les mines de plomb & les mines d'argent, elle vient des Pyrites & de la mine de fer qui y sont quelquefois jointes sensiblement ; jamais on ne trouvera dans le sein de la terre un vitriol d'argent & de plomb, même lorsqu'elles auront été grillées ; & tous les vitriols que l'on obtiendra de ces sortes de mines, seront toujours ou ferrugineux ou cuivreux quand on en fera l'essai.

Ceci me rappelle la preuve pénible de l'existence du métal dans les vitriols dont il est fait mention dans le *Laboratoire chymique* de Kunckel. Le procédé sera bien plus court, si l'on met en pratique ce que j'ai dit plus haut sur la maniere de faire du Soufre, & de s'en ſervir pour diſſoudre les métaux : je vais donner ce procédé en faveur des curieux. Que l'on prenne parties égales de vitriol & de ſel marin ; qu'on les mette dans un creuſet juſqu'à ce qu'ils ſoient parfaitement ſecs, alors on y joindra encore environ la moitié de ce qu'on y avoit déja mis de ſel marin, & l'on fera fondre le mêlange. On regardera quel ſera le coup d'œil que la maſſe préſentera ; enſuite on mettra peu-à-peu du charbon en poudre, juſqu'à ce que la maſſe ſaline devienne rouge : enfin on y jettera peu à peu du Soufre qui s'enflammera ſur le champ. On fera diſſoudre dans l'eau ce qui pourra s'y diſſoudre, & on diſſoudra le reſte doucement dans de l'eau : on décantera tout ce qui ſe ſera diſſout, & l'on y trempera un fil de fer : l'on verra ce qui arrivera.

Mais pour en revenir à notre ſujet, il eſt certain que c'eſt faire une queſtion ridicule & abſurde que de demander ſi les métaux ſous terre & dans l'état des mines, contiennent un vitriol qui ne vient point du Soufre minéral & commun qui eſt joint avec eux ; ou ſi le Soufre qui ſe trouve dans les mines, eſt un principe qui a été produit par le vitriol. Quant à la premiere queſtion, rien n'eſt plus propable que la formation du vitriol est due au Soufre ; cette vérité est démontrée par les pyrites sulfureuses d'Almerode dans le pays de Hesse, que l'on nomme communément *minera Martis Solaris*, & par celle du Rammelsberg ; puisque au moyen de l'humidité, le vitriol sort de ces pyrites, & se forme de même que lorsque les eaux du ciel en produisent en pénétrant dans les filons, & en agissant sur le Soufre qui est encore combiné dans la mine. Car, quoique le Soufre pur ne subisse aucune altération dans l'eau commune ni même dans l'eau salée, on voit cependant que le Soufre se combine avec le fer pur & séparé des autres substances minérales ; lorsqu'on l'humecte légérement avec de l'eau commune, il s'échauffe avec lui & altére sensiblement le fer. Cet exemple prouve suffisamment que le Soufre divisé en molécules déliées, & repandu dans ces sortes de mines, doit aussi subir de l'altération, lorsqu'il vient à être humecté par les eaux qui pénétrent de la surface dans l'intérieur de la terre.

Ce n'est point sans dessein que j'ai fait mention ici des altérations que peuvent produire les eaux de la surface de la terre, lorsqu'elles pénétrent & séjournent dans l'intérieur, soit lorsqu'elles sont pures & produites par les neiges & les pluies, soit lorsqu'elles se sont chargées de parties salines qu'elles ont reçu des plantes & des feuilles d'arbres qui se sont pourries. Je vais en citer une preuve qui paroîtra peut-être obscure, mais j'en rapporterai ensuite une autre qui sera plus claire. Dans le tome VI du *Theatrum Chymicum*, un certain Rochas rapporte en ces mots une observation qui mériteroit bien d'être examinée avec soin : il dit qu'il a parcouru les Alpes & les plus hautes montagnes, & qu'il y a trouvé des eaux minérales qu'il a examiné avec le plus grand soin, & sans épargner aucune dépense : qu'il en a fait fouiller quelques-unes pour remonter à leur source, & qu'il a trouvé que ces sortes d'eaux ne venoient point d'un terrein où il y eût des mines, mais partoient de plus loin, & ne se changeoient en eaux minérales qu'en passant par-dessus des filons ; qu'avant que d'être venues jusqu'à ces filons, ces eaux étoient douces ou du moins n'étoient point vitrioliques ; & qu'elles n'avoient acquis leur qualité & l'état d'eaux minérales qu'au moment où elles avoient dissout une portion du filon. Il confirme ce sentiment parce qu'en mêlant de l'eau de ces sources avec une portion de la terre du filon, on fait artificiellement & sur le champ une eau qui a les mêmes propriétés : il ajoute qu'on peut donner les mêmes qualités à une eau quelconque, mais il fait mystère de la maniere dont cela s'exécute. Je ne puis pas dire que cette expérience m'ait réussi aussi promptement, sur-tout en prenant une eau douce & insipide ; je ne déciderai point non plus quelles peuvent être les propriétés de *l'esprit subtil* des eaux de sources que Beccher a vanté, lorsqu'il a été concentré soit par la distillation, soit par la gêlée, vû que je n'ai point encore trouvé le tems de faire ces expériences.

Voici l'exemple que j'avois à rapporter ; c'est une expérience faite sur la pyrite ferrugineuse & sulfureuse du pays de Hesse. On trouve dans le Voigtland, des pitytes martiales & sulfureuses dont on se sert pour garnir les carabines ; elles n'ont point la propriété de se changer en vitriol comme celles du pays de Hesse. Si on lave la pyrite de Hesse après qu'elle s'est intimement décomposée, ce qui demande beaucoup de tems ; si on fait évaporer doucement la solution, & qu'on la fasse crystalliser, il restera en arriere une matiere brune & épaisse, qui ne pourra plus ſe cryſtalliſer, & qui ne pourra d'elle-même ſe ſécher ; au-contraire ſi aprè l'avoir évaporée à ſiccité on l'expoſe à l'air, elle en attirera l'humidité & ell redeviendra fluide. Cette matiere differ conſidérablement du vitriol en cryſtaux en ce que 1°. elle ne ſe cryſtalliſe poin 2°. elle n'eſt point d'une ſaveur douceâtr comme le vitriol, mais d'un goût au tere & très-fort ; 3°. elle produit dans l bouche une aſtriction ſi forte, qu'on l ſent encore au bout de quelques heure tandis que ce goût aſtringent du vit qui a été purifié, ne s'apperçoit preſq point.

Mais comme ce n'eſt pas propr ment ici le lieu de parler des Sels, je n contenterai d'obſerver qu'il faut que c pyrites contiennent une ſubſtance sali ou une ſubſtance minérale de deux eſ ces, qui avec une portion de fer produ une diſſolution qui aie les trois propriét ſenſibles dont je viens de parler, ou bi qui, avec une portion de l'acide du So fre, produiſe cette ſolution ſi différen Mais il eſt de mon ſujet de faire voir q cette matiere quelle qu'elle ſoit, prod certainement l'effet d'ouvrir ou de d compoſer la combinaiſon du Soufre, maniere que ſon acide ſe ſépare de l partie inflammable, & se combine avec la partie métallique qui se trouve auprès, & par-là produise le vitriol qui se forme naturellement; & l'on doit reconnoître que la même chose se fait dans les mines qui se vitriolisent.

Cependant il faut encore observer à ce sujet que le fer montre une disposition singuliére pour cette décomposition du Soufre, aussi-bien que la matiere dont nous parlons. En effet les mines de Goslar sont principalement des mines de cuivre ; cela n'empêche point que le vitriol qu'elles donnent, ne soient pour la plus grande partie ferrugineux ou martial, & il est très-rare que les stalactites vitrioliques qui se produisent d'elles-mêmes dans ce pays, soient plus cuivreuses que martiales. M. Schlutter, Inspecteur de ces mines, & très-versé dans sa profession. m'a fait présent d'une stalactite vitriolique d'un beau bleu fort grossier & du poids de cinq quarterons, comme d'une chose très-rare. Dans les atteliers de vitriol de Goslar, on trouve une très-grande quantité de cette matiere qui ne peut plus se crystalliser : ainsi le vitriol de Hesse n'est point le seul à qui cela arrive. On trouve dans plusieurs autres parties de l'Allemagne des pyrites qui, quand on les expose à l'air & quand on les humecte, se changent en vitriol; mais elles éprouvent ce changement avec plus de lenteur, & n'en fournissent pas une si grande quantité que les pyrites de Hesse; c'est ce que j'ai remarqué dans celles qui se trouvent à Arnstadt dans la Principauté de Schwartzbourg & dans celles de Gayer. Beccher dit que la même chose arrive aux pyrites vitrioliques d'Angleterre, mais il va trop loin lorsqu'il prétend que ce sel est la matiere saline pure & non métallique, qui ne devient du vitriol que lorsqu'elle est combinée avec du fer; du moins il faut que lui ou les *acta Anglicana* se trompent, puisque dans cet ouvrage on dit que la maniere de faire le vitriol consiste uniquement à laisser les pyrites se décomposer à l'air, ensuite à en faire le lavage, l'évaporation, & la crystallisation; sur quoi ces actes rapportent un phénomène singulier, sçavoir, que lorsqu'on les laisse trop long-tems exposées à l'air, ou lorsque l'air est disposé d'une certaine maniere, il ne se fait point de crystallisation, & que la masse demeure grasse & visqueuse; mais cette matiere ne doit point pour cela être regardée comme une substance saline non métallique & parfaitement homogène, mais comme une ſubſtance ſaline ſemblable à celle dont parle Kunckel dans le chap. VI. de ſes Obſervations, qu'il enſeigne à tirer du vitriol tout formé, & que l'on obtient en beaucoup moindre quantité du vitriol cuivreux que du vitriol martial.

Le même phénomène ſe montre dans l'ardoiſe dont on tire l'alun. La pyrite qui y eſt contenue, eſt décompoſée par l'humidité de l'air, lorſqu'elle y a été expoſée pendant aſſez long-tems, & alors l'acide attaque la terre limoneuſe & forme avec elle l'alun. D'où l'on peut conclure qu'il eſt plus apparent que le vitriol, ainſi que l'alun, eſt produit par les mines en tant qu'elles ſont ſulfureuſes, que d'imaginer que les mines ſont produites par la ſubſtance vitriolique & ſaline. Il ſeroit plus naturel de croire qu'un vitriol une fois formé, quand il a été par hazard entraîné ailleurs par les eaux, dépoſe la partie métallique, ou que lorſqu'il vient à ſe joindre à une terre graſſe ou inflammable, forme de nouveau du Soufre ou même une mine ſulfureuſe.

Il faut remarquer à cette occaſion deux circonſtances, ſçavoir que non-ſeulement le vitriol attaque avec beaucoup de facilité le fer chargé d'une grande quantité de matiere inflammable, mais encore qu'il s'en charge d'une plus grande portion que tout autre sel acide. En effet il faut quatre parties d'acide nitreux de la meilleure qualité pour dissoudre une partie de fer ; au lieu que, suivant la remarque de Kunckel, l'acide vitriolique dissout une grande partie de ce fer, & donne en même tems une portion de Soufre.

C'est donc une chose qui mérite qu'on y fasse attention, que la raison pour laquelle 1°. la plûpart des mines de fer ne donnent ni une portion sensible de Soufre, ni de vitriol, & donnent plutôt une substance fuligineuse & luisante comme de la suie; & 2°. pourquoi l'on rencontre la plûpart des mines de fer à une petite profondeur & plutôt près de la surface de la terre dans des endroits secs que dans des endroits plus profonds, où il regne une humidité continuelle, à l'exception de ce qui a été profondément enfoui par le déluge & par les écroulements causés par les tremblements de terre.

En un mot, il est impossible de démontrer que la matiere saline vitriolique [illegible] principal ingrédient qui produit la combinaison & la génération des métaux, c'est elle tout au plus qui, suivan la conjecture de Becher, donne la fluidité & la fixité au feu; mais ce n'est point comme sel, c'est plutôt comme une substance vitrescible. C'est pourquoi, je le répete, par ce que Kunckel appelle *l'acide qui lie la combinaison mercurielle & métallique*, j'entends une substance terreuse & subtile que, par des travaux pénibles & qu'il n'a point assez expliqués, il a mis enfin dans l'état d'un sel; ce qui l'a induit en erreur & lui a fait croire que les métaux mêmes contenoient un acide sous cette forme. J'adopterois donc plus volontiers la façon dont il s'exprime dans son *Laboratoire Chymique*, lorsqu'il dit que *le suc acide devient le vrai SAL METALLORUM, ou y est contenu.* Et il répete encore une fois qu'il le *devient*, & il ajoute *sapienti sat*; par où il termine ordinairement les problêmes qui ne sont point toujours satisfaisants pour ceux qui n'ont pas les mêmes idées que lui.

Nous avons encore à examiner une autre opinion plus ancienne, qui attribue la génération des métaux au Soufre & au mercure. Becher, comme je l'ai fait voir plus haut, a déja expliqué aussi clairement qu'il eſt poſſible, ce qu'il faut entendre par-là ; cependant il eſt évident que ceux qui ont imaginé ce ſyſtême, n'ont cherché qu'à jetter de la poudre aux yeux. En effet, comme ils alléguent ſouvent l'exemple du Soufre ordinaire qui eſt dans les mines de cuivre & d'argent, & de celui qui eſt combiné avec le mercure dans le cinabre, il eſt difficile de croire qu'ils ayent eu en vûe une autre ſubſtance. Il eſt certain que c'eſt tirer une mauvaiſe concluſion que de dire que les métaux viennent du Soufre, parce que le Soufre ſe trouve joint à la plûpart des métaux, & ce principe n'eſt pas plus fondé que ſi l'on diſoit que le Soufre tire ſon origine des métaux ou que les métaux ſe changent en Soufre, parce qu'il ſe trouve avec la plûpart des métaux. Rien n'eſt moins certain que le principe des Alchymiſtes qui prétendent que les ſubſtances tendent ſans ceſſe à ſe perfectionner, & l'on auroit autant de droit de dire que les ſubſtances tendent à ſe détruire, ſi l'on donne un ſens groſſier à l'adage que *unius corruptio eſt alterius generatio*. Cette opinion n'a été tranſmiſe que par tradition & n'eſt appuyée ſur aucune expérience ; juſqu'à préſent nous n'avons rien qui puiſſe nous convaincre que le Soufre produiſe une vraie augmentation dans les métaux, ou qu'il produiſe quelque choſe de vraiment métallique, ou que les métaux puiſſent être changés en un vrai Soufre. Je n'ai pas lieu de craindre qu'on m'objecte le vitriol qui ſe fait avec le fer & l'huile de vitriol, expérience qui n'eſt encore connue que de peu de gens, & dont j'ai expliqué l'étiologie ſi clairement, que perſonne n'en tirera des conſéquences contraires à ce que j'avance; & l'on n'en ſera pas plus tenté de conclure que le Soufre eſt un principe conſtituant du fer, que de croire qu'il eſt un principe du regne animal & du regne végétal, vû qu'avec l'acide vitriolique on fait auſſi du Soufre avec les ſubſtances de ces deux regnes.

D'ailleurs cette preuve eſt d'autant moins concluante que le Soufre, ainſi que tous les acides, ſans être en entier un principe des métaux, peut avoir d'autres raiſons pour s'attacher & ſe combiner avec eux. Je pourrois même expliquer la combinaiſon du Soufre avec les métaux d'une maniere toute différente de celle que prétendent ces Chymiſtes; & je crois que cette combinaiſon du Soufre ne se fait point, tant en raison de sa totalité qu'en raison de sa partie inflammable. En effet nous avons déja remarqué que son acide agit très-lentement & très-difficilement sur la plûpart des métaux, comme on le voit avec le mercure, l'argent, le plomb, le cuivre & même l'étain; au lieu que lorsque cet acide est encore joint avec son phlogistique, il attaque très-promptement tous les métaux; & même sans le secours du feu, & lorsqu'il est dissout par un alcali, la vapeur qui en part s'attache à l'argent & le noircit. Ce même phlogistique privé de son acide, s'unit très-promptement avec la chaux d'étain, avec le plomb & le régule d'antimoine, & même avec la chaux de cuivre & de fer, pour peu que l'on puisse les amollir, & il leur rend leur ductilité & leur éclat métallique. Chacun pourra peser ces remarques, & voir jusqu'à quel point elles prouvent en ma faveur. Au reste il est certain que le Soufre ne peut s'unir à aucun des quatre métaux imparfaits, à moins qu'ils ne soient dans l'état ductile & métallique, c'est-à-dire, lorsqu'ils contiennent ce qu'on nomme le phlogistique; & il est aisé de démontrer que dans les mines de fer & de cuivre, qui ſont chargées de Soufre, ainſi que dans l'antimoine, cet état métallique parfait ſe trouve. En effet, ni la chaux de fer, ni une vraie chaux de cuivre, ni une chaux ou un verre d'antimoine, ni une chaux de plomb ou d'étain ne ſe chargent plus de Soufre. Lorſqu'après avoir bien pulvériſé une pyrite ſoit cuivreuſe ſoit ferrugineuſe de Geyer, ſi on verſe deſſus de bonne eau-forte, non-ſeulement la partie métallique eſt diſſoute & dégagée du Soufre, mais encore cette opération ſe fait avec une très-grande violence, au point de répandre beaucoup de vapeurs & de ſortir même des vaiſſeaux, tandis que l'eau-forte n'agit point du tout ſur une chaux ou Saffran de Mars dont le phlogiſtique a été dégagé. On voit la même choſe dans l'antimoine, dont la partie réguline eſt vivement attaquée par l'acide du ſel marin qui ſe trouve dans le mercure ſublimé, au point qu'on fait cette opération à froid, & ſi on joint à quatre parties de mercure ſublimé une partie d'antimoine en poudre, il ſe fait une maſſe ſemblable à de la bouillie, le beurre d'antimoine s'éleve ſur le champ, & le Soufre en ſe combinant avec le mercure, fait du cinabre.

La même chose n'arrive point à la chaux d'antimoine ou à l'antimoine diaphorétique.

On voit donc clairement que ce n'est point le Soufre qui a pû produire ces métaux, puisqu'il ne peut pas même s'y attacher s'ils n'ont point déja été dans un état de combinaison intime avec leur phlogistique ; il ne peut pas non plus leur donner ce phlogistique, parce qu'il n'en a pas par lui-même plus qu'il n'en faut pour sa composition, & qu'il ne s'en sépare point aisément pour le transmettre à d'autres corps ; il est plutôt disposé à leur enlever celui qu'ils ont, comme on le voit par le Soufre qui se forme lorsqu'on combine de l'huile de vitriol avec du fer.

A l'égard du sentiment qui regarde le mercure comme l'origine des métaux, je n'ai jamais pû concevoir sur quoi pouvoit être fondée une idée aussi étrange & si dépourvûe de vraisemblance. En effet 1°. le mercure est une des substances métalliques les plus rares, & que l'on trouve en moindre quantité ; 2°. on ne le rencontre jamais joint à aucune mine métallique, si l'on excepte un peu d'or qui se trouve joint à la mine du mercure ou au cinabre ; 3°. quelque peine que l'on se soit donné, jamais on n'a pû changer le mercure en métal; 4°. puisqu'il est si difficile de porter le mercure à l'état d'un métal, comment peut-on croire que dans le sein de la terre il puisse se transformer & produire un si grand nombre de métaux? 5°. Joignez à cela que l'on ne connoît ni dans les métaux ni dans le sein de la terre, aucune substance qui puisse agir sur le mercure, & qui par conséquent puisse produire sur lui un pareil changement.

Ceux qui maintiennent ce sentiment ridicule, prétendent que le mercure est par la *coction* changé en différents métaux dans le sein de la terre. Il est aisé de sentir l'absurdité d'un pareil systême, & de voir qu'il faut une crédulité bien étrange pour s'arrêter à de semblables idées, & pour croire que le feu souterrain agit assez uniformément pour n'avoir jamais manqué son effet sur une étendue immense de filons de mines, au point que l'on ne puisse pas trouver la moindre portion de matiere que la nature n'ait point encore cuite, c'est-à-dire, du mercure coulant

D'autres Auteurs s'expliquent différemment, mais leur systême est le même au fond. Ils disent que si l'on tire des métaux imparfaits ou ignobles du sein de la terre, cela vient de l'impatience des hommes qui ne veulent point attendre que la nature ait achevé sa cuisson. Mais qui pourroit attendre plusieurs milliers d'années qu'ils exigent pour que le plomb ou l'étain se changent en or? Il y a déja plus de deux mille ans que les Isles Cassiterides ou de la grande Bretagne sont connues, malgré cela l'on en tire toujours de l'étain que la coction n'a point encore pû changer en or; & malgré la *maturation* dont on parle avec tant d'emphase, les Mineurs ne trouvent point de vénule ou de rameau de mine de plomb qui se soit changé en or, quoique, suivant cette hypothèse, la coction dût être plutôt achevée dans une vénule que dans un filon entier. Il vaudroit mieux avouer ingénûment son ignorance, que d'inventer des systêmes si ridicules, & qui font soupçonner avec raison que l'on ne s'entend point soi-même. Quand même on parviendroit à produire une maturation semblable dans un marras, on sent aisément que cela ne dépendroit point uniquement de la *coction*, mais de la propriété des substances, & qu'il doit y avoir bien de la différence entre ce qui se fait dans une bouteille avec des matieres mêlées dans de certaines proportions & à un dégré de chaleur donné, & les opérations que la nature fait sur plusieurs centaines de milliers de quintaux de matieres enveloppées de parties impures & grossiéres.

J'ai déja exposé mon sentiment sur la formation des filons ; j'ai rapporté les raisons qui me portent à croire qu'ils sont dûs à la création, ce qui ne m'a point empêché de convenir qu'il se formoit des métaux encore journellement, mais non pas en filons, à moins qu'ils ne vinssent à remplir des filons épuisés. J'ai montré comment il est à présumer que cela a dû se faire, que c'étoit par la décomposition des anciens filons ; & je reconnois que cela s'opére, soit par une dissolution faite par les eaux qui charrient les particules qu'elles ont dissoutes & vont déposer un même métal en d'autres endroits, soit par une décomposition des principes élémentaires, par laquelle ils sont réduits en vapeurs, sinon totalement, du moins en grande partie, ce qui produit d'autres métaux, des mines, des couleurs, &c. La principale question qu'il faut maintenant examiner, c'est sous quelle forme ces principes se séparent les uns des autres;

Je répondrai ſimplement là-deſſus que je n'en ſçai rien ; cependant il y a deux choſes de l'une deſquelles je ſuis aſſuré, & je regarde l'autre comme certaine ; la premiere, c'eſt que cela ne ſe fait point ſous la forme d'un mercure coulant, & que ſi, comme je crois que cela eſt très-faiſable, il ſe formoit par-là du Soufre, cette partie ſeroit très-nuiſible à la génération d'un autre métal, & contribueroit plutôt à l'empêcher qu'à la favoriſer. La ſeconde, c'eſt que ces principes élémentaires ne ſe dégagent point purs, & ne ſont point parfaitement purs lorſqu'ils vont s'attacher ailleurs, mais ſe trouvent dans un état qui permet que l'on puiſſe les ſéparer plus aiſément & dans une pureté plus grande, ou les faire entrer dans une nouvelle combinaiſon. C'eſt pour cela que le ſentiment des Philoſophes eſt d'examiner plutôt les avortons du regne minéral, que les mines qui ſont dans l'état de perfection. Je ne prétends point exclure de ce nombre ni le vitriol, ni le Soufre, ni le mercure coulant, & je ne crains point que les perſonnes intelligentes me taxent pour cela de me contredire & d'accorder maintenant ce que j'ai nié précédemment. Il a été juſqu'ici queſtion de ſçavoir si tous les métaux ont été uniquement & constamment produits de ces substances, & si elles leur servent de principes & de base, c'est ce que je nierai toujours; mais je regarde ces substances comme des produits de la décomposition des métaux, qui s'opére dans le sein de la terre & à sa surface, & qui ont elles-mêmes pour base tantôt un métal, tantôt un autre, qui après en avoir été séparé avec beaucoup de peine, peut être réduit de nouveau sous la forme métallique, ce qui exige beaucoup d'expérience & de sagacité, & ce qui est très-éloigné de la prétention que tous les métaux doivent uniquement & constamment leur origine à ces substances. Nous voyons que la petite quantité de métal que nous obtenons à peine par une infinité de travaux, de mêlanges, de combinaisons, ne peut pas entrer en comparaison avec ce que fait la nature qui remplit tout d'un coup des montagnes entieres, & qui, suivant le sentiment même des Partisans de cette opinion, produit plutôt des millions de quintaux de matieres impures, qu'une once d'un métal parfaitement pur. Quoique ces profonds Alchymistes qui nous ont précédés nous assurent positivement, d'après leurs propres expériences, d'avoir amélioré & changé en or & en argent des métaux imparfaits, nous ne voyons pourtant pas que ces Auteurs nous apprennent que tous les autres métaux imparfaits soient composés des mêmes principes dont la nature & l'art peuvent les composer. Depuis long-tems je me suis occupé de ces réflexions. En effet quoique l'or & l'argent ayent reçu de la nature l'avantage du coup d'œil, d'être invariables & inaltérables, d'être ductiles sans avoir ni trop ni trop peu de dureté, de n'être ni trop aisés ni trop difficiles à fondre, & quoique l'opinion des hommes leur aie fait attacher un très-grand prix, on voit cependant clairement que d'autres métaux auxquels on attache beaucoup moins de valeur, ne laissent pas d'être infiniment plus utiles dans les usages de la vie, n'ont pas beaucoup moins de solidité & de liaison dans leur combinaison, & par-là ne sont point indignes de notre attention. Lorsqu'il s'agit des substances métalliques en général, il ne suffit point de s'occuper des métaux les plus parfaits, il faut aussi er des propriétés de chacun des autres en particulier. C'est donc avec peine que je vois que Van Helmont & Becher ont parlé si légérement & si superficiellement de ce qu'ils appellent le *Soufre arsénical* des métaux imparfaits ; l'on ne peut voir sur quel fondement ils ont affirmé qu'il pouvoit altérer les autres métaux, même réduire l'or & l'argent au même état d'imperfection que les métaux dont il a été tiré. En effet combien verroit-on disparoître de préjugés sur les prétendues parties terreuses des métaux imparfaits, si l'on prouvoit qu'au moyen d'une très-petite quantité d'une substance tirée du fer ou de l'étain, non-seulement l'or qui est si ductile & si fusible, mais encore le mercure, peuvent être changés en un fer aigre & difficile à fondre, ou en une chaux infusible comme la chaux d'étain ? Si l'on sçavoit avec certitude que les métaux imparfaits ne contiennent qu'une très-petite portion d'une substance qui les éloigne si fort de l'état de fixité & de ductilité des métaux parfaits, combien cette connoissance ne faciliteroit-elle pas l'amélioration de ces métaux imparfaits, qui est le but que l'on se propose par tant de travaux ? Quel avantage ne retireroit-on pas des analyses qui mettroient en état de séparer cette ſubſtance des métaux, & qui par-là mettroient une plus juſte proportion entre leurs parties ? Je ne trouve perſonne qui ait parlé de cette ſubſtance plus clairement que Baſile Valentin: lorſqu'il dit que l'on ne peut point tirer une teinture aurifique de l'huile de vitriol, mais bien de l'eſprit-de-vitriol ; il prétend que l'on ne peut tirer de l'huile de vitriol qu'une teinture propre à faire du cuivre ; mais comme il dit auſſi qu'on doit la préparer de la même maniere que la teinture aurifique, on n'a juſqu'à préſent pas plus réuſſi à l'une qu'à l'autre de ces teintures. Ce que l'Auteur des *trois merveilles* raconte de ſon Pere, qui changea un clou de fer en cuivre, eſt un fait qui n'eſt guère croyable. L'Auteur de *l'Alchymia denudata* attribue la même propriété à ce qu'il appelle les ſels des métaux imparfaits ; & Kunckel dans ſes Obſervations auſſi-bien que dans ſon *Laboratoire Chymique* prétend le contraire, & dit que les ſels du plomb & du fer convertiſſent le mercure en véritable argent ; ſur quoi il obſerve avec raiſon que ce qu'on appelle fauſſement les ſels de ces métaux, n'étant qu'une ſimple diſſolution du corps total, ils reprennent la forme qui leur eſt propre. Mais je ne puis regarder cela comme une tranſmutation & une amélioration, ſuivant la prétention de l'Auteur de l'*Alchymia denudata*, vû que ces ſels prétendus ne donneroient pas même autant de métal qu'ils peſeroient. Je ſouſcris entiérement à ce que dit Kunckel dans ſon *Laboratoire Chymique*, où en parlant du cuivre il avoue poſitivement qu'il n'eſt guère poſſible de lui enlever quelqu'un de ſes principes; à quoi il ajoute une obſervation qui mériteroit bien qu'on y fît attention, ſi elle eſt conſtatée par l'expérience; ſçavoir que non-ſeulement le cuivre frais, lorſqu'on y joint du Soufre, s'allume & s'enflamme à un certain point, mais encore que lorſqu'on a fait partir ce Soufre en faiſant rougir le cuivre, & quand on a changé ce cuivre en chaux ou en *æs uſtum*, qu'on le mêle de nouveau avec du Soufre, il s'enflamme de nouveau, & que la même choſe arrive toutes les fois qu'on réitere cette opération.

Mais comme il eſt certain que ni le Soufre ni les ſimples diſſolvants, quelque concentrés qu'ils puiſſent être, n'agiſſent point du tout, ou du moins que très-lentement ſur un métal parfaitement calciné, l'expérience qui vient d'être rapportée prouveroit ou que le cuivre ne perd pas totalement son phlogistique, ou qu'il en reprend une portion de celui du Soufre. Il s'agit de sçavoir jusqu'où peut aller cette fulmination dont parle Kunckel, & d'examiner les autres circonstances, sur-tout vû qu'il observe qu'en réitérant cette opération, le cuivre souffre beaucoup de déchet. Quant au premier point, je ne vois pas d'autre moyen de rendre cette fulmination sensible & propre à être observée, que de procéder de la même maniere que pour la limaille de fer, sçavoir, de mêler une telle chaux de cuivre, ou cet *æs ustum* calciné à plusieurs reprises avec un peu de Soufre, & de le mettre dans un creuset qui n'ait point encore été rougi sur des charbons; & lorsque le Soufre commencera à bouillonner & à sentir la chaleur, il pourra faire l'éclair ou fulminer après avoir pris une couleur d'un rouge clair. Le tems ne m'a point permis de faire cette expérience, & je serois tenté de croire que la maniere de réverberer de Kunckel peut produire des effets que ne produit point le feu de charbon, comme il le remarque en un autre endroit.

Il eſt certain que le reverbere des Anciens préſente des phénomènes remarquables, & contribue au changement des couleurs, ſur-tout ſuivant les procédés d'Iſaac le Hollandois; cependant il faut que la ſubſtance qu'on fait reverbérer ſoit diſpoſée pour cela. Cela me rappelle l'avanture d'un homme qui d'après une recette qu'il avoit lûe, tenta vainement de faire rougir par la calcination des pierres à fuſil ou des cailloux, ne faiſant point attention qu'anciennement on garniſſoit les fuſils ou carabines avec des pyrites que l'on nommoit quelquefois pierres à fuſil.

Mais pour en revenir à mon ſujet, je ne puis ici paſſer ſous ſilence les principes métalliques établis par Becher, parmi leſquels il fait auſſi entrer le ſel marin, dont il parle tantôt ſous le nom d'un être mercuriel, tantôt ſous celui d'une ſubſtance arſénicale, tantôt ſous celui d'un Soufre mercuriel & arſénical; cependant il s'en explique d'une maniere plus décidée en parlant de l'*Alcaheſt*, & il dit très-poſitivement que ce ſel contient le principe mercuriel, & que comme il n'y eſt point dans une combinaiſon métallique, on peut l'en tirer pour le faire paſſer dans une pareille combinaison. Il seroit fort heureux qu'on pût l'y faire passer aussi facilement que le principe inflammable; mais nous ignorons encore ce que le tems peut nous apprendre.

J'ai eu occasion de faire des réflexions sur l'être arsénical qu'il dit être contenu dans ce sel, vû que je connois un procédé par lequel il devient parfaitement semblable à l'arsénic; mais comme je ne suis point dans l'usage de rien avancer dont je ne sois assuré, je remets à donner ce procédé dans un autre tems; il tient à une circonstance que Beccher rapporte dans sa Physique souterraine, page 899. dans la troisieme préparation mercurielle. C'est à l'expérience à faire connoître le jugement que l'on doit en porter.

En attendant, je crois devoir parler de quelques phénomènes qui méritent toute notre attention. Lorsqu'on place du cuivre dans des charbons bien allumés, on sçait qu'il se fait une flamme d'un bleu tirant sur le verd & d'un rouge pourpre; il y a tout lieu de croire que cette couleur vient d'une substance déliée que le feu dégage du cuivre, qui immédiatement après est réduit en cendre ou en chaux.

Lorsqu'on

Lorsqu'on répand du sel sur des charbons ardens, on voit se produire le même effet avec très-peu de différence. On sait aussi que le cuivre donne une couleur bleuâtre à l'esprit de Nitre, & avec le Nitre on peut préparer une liqueur (*spiritus*) qui dissout l'Arsenic & prend la même couleur.

On peut joindre à cela que la fumée qui s'éléve de l'Antimoine répandu sur les charbons ardens, est sensiblement la même que celle qui part du sel qui a été jetté abondamment sur des charbons. Toutes ces circonstances doivent être remarquées par un Observateur attentif.

Puisque j'en suis sur ce Chapitre, je vais rapporter ici une Observation que j'ai omise plus haut, & qui est relative au phlogistique du fer. Lorsqu'on verse de l'eau-forte sur de la limaille de fer qu'on aura mise dans un vaisseau évasé, en observant de n'en mettre qu'autant qu'il en faut pour couvrir la limaille, il se fait un mouvement d'effervescence très-considérable, accompagné de gonflement & de vapeurs abondantes; mais aussi-tôt que ce mouvement est fini, le fer est tellement altéré, que si l'on y reverse de nouvelle eau-forte, le fer ne se dissout pas plus que ne feroit une chaux, ou un ſafran de Mars, obtenu par la calcination la plus parfaite. Et même ſi on diſſout du fer dans de bonne eau-forte très-doucement, ce qui demande beaucoup de tems & de patience; & ſi à la fin de l'opération, lorſque l'eau-forte ne paroît plus agir, on y remet encore du fer en petits morceaux, des aiguilles ou du fil de fer, & que l'on aide la diſſolution par une chaleur douce, il ſe dépoſe plus ou moins promptement une eſpéce de limon. Chacun eſt le maître de tirer de ces phénomènes telles concluſions qu'il lui plaira; celle qui me paroît la plus naturelle, c'eſt que dans le premier cas on a enlevé ſubitement & tout d'un coup au fer, ce qui avoit d'abord donné l'entrée à l'eau-forte.

Chacun ſera libre de porter le jugement qu'il voudra ſur les remarques que Kunckel fait ſur la ſubſtance ſpiritueuſe & légère, qui s'éléve des métaux dans ces ſortes d'opérations; il s'appuie ſur la diſſolution de l'Etain & ſur les eaux graduées, & même ſur l'inflammation des métaux avec le Soufre, ſans parler des circonſtances qu'il dit accompagner la décompoſition de l'or, & de la ſubſtance rouge & couleur de lait qui s'éléve alors par la diſtillation. On peut auſſi conſulter la Physique souterraine de Beccher, page 258, n°. 118 & le dix-neuviéme procédé de son *Rosetum Chymicum*, où il parle de *Proserpine*, aussi-bien que le seiziéme procédé, où il parle d'une liqueur spiritueuse, faite avec l'Arsenic & le Nitre; opération dans laquelle le Zinc est d'une grande utilité.

Je ferai encore quelque remarque sur ces sortes de travaux; 1°. je dirai que ces phénomènes ne dépendent pas uniquement de l'être métallique, mais encore de la substance colorante de la liqueur; cependant je ne prétens pas par-là induire personne en erreur, ni insinuer que l'on trouvera par-là le *sujet universel*, ce sont des idées dans lesquelles je ne crois pas devoir donner, & je sai que par le concours de cette substance nitreuse, proprement dite, qui au fond est la même, rien n'est gâté ni rendu impur dans la vûe sur les métaux.

2°. Tous ces procédés des métaux avec l'esprit de Nitre, ne font que rendre les opérations plus fastidieuses, parce qu'elles se font avec violence, & que sans cela l'effet en est beaucoup plus foible, tandis que l'on pourroit trouver une méthode par laquelle l'opération se feroit doucement & abondamment, dont le succès dépend de la maniere de gouverner le feu.

3°. Le prompt dégagement de ces esprits subtils, sans être joints avec une grande portion d'eau, sert à prouver cette vérité, & je crois avoir de tres-fortes raisons pour n'être point de l'avis de Kunckel, qui veut qu'on retienne ou qu'on captive ces esprits subtils avec beaucoup d'eau; on en a un exemple dans l'esprit qui est fait avec de l'huile de Vitriol toute simple, qui lorsqu'il a été fait à la maniere de Glauber & de Kunckel, ainsi que l'eau Régale, avec des sels dissouts dans l'eau, n'est jamais aussi efficace, quelque rectification que l'on employe, que lorsqu'il a été fait sans eau dans le récipient. Il est aisé d'en sentir la raison, c'est que quand même ces esprits ne souffriroient point d'altération dans l'eau, ils ne laissent pas d'entraîner beaucoup d'eau dans la déphlegmation; & quand bien même on parviendroit par la suite à en séparer l'eau & à le concentrer au point de répandre des vapeurs à l'air libre, il est facile de concevoir qu'à la fin de la déphlegmation, l'air contenu dans le matras, & la chaleur même, doit certainement ajouter quelque chose au flegme,

Peut-on demander une preuve plus claire que celle que donne Caſſius, qui dit de ce flegme qu'on en tire des eſprits qui produiſent une eau Régale qui met l'or en cryſtaux rouges. Je ne veux pas cependant que l'on imagine que j'ai cherché, par ce qui vient d'être dit, à exciter perſonne à s'occuper des recherches Alchymiques, au contraire, j'ai voulu empêcher qu'on ne s'embarquât dans des travaux inutiles. C'eſt pourquoi je ne veux point m'appuyer des ſublimations mercurielles, dont les procédés ſont décrits dans l'*Alchymia denudata*; je crois ſeulement devoir avertir qu'il eſt dangereux d'entreprendre ces ſortes de travaux lorſqu'on n'a point l'expérience néceſſaire.

On n'a pas lieu de me reprocher ici que je m'écarte de mon ſujet en parlant du Nitre, vû que l'on ſent aiſément qu'il ne s'agit point ici de ſa partie ſaline, mais de ſa partie ſulfureuſe ou inflammable, qui eſt du ſujet que je traite. Mais par la partie ſulfureuſe du nitre, je n'entens point la même choſe que Kunckel, qui a méconnu cette partie ſulfureuſe du Nitre, auſſi-bien que celle du fer & des autres métaux, qui s'allume & ſe conſume totalement à l'aide du Soufre commun. Je crois avoir expliqué aſſez clairement les cauſes de ces deux effets ; cependant je vais encore m'appuyer de quelques paſſages tirés de ce même Auteur, où l'on verra qu'il avoue que le mercure, le ſel métallique & la terre, ne ſont point les ſeuls principes des métaux, ni la baſe de la teinture à qui l'on attribue la vertu de faire de l'or ; mais il admet encore d'autres ſubſtances qui ſervent à lier ces trois principes, & à donner de l'efficacité à cette teinture. En effet il dit, page 391, *que toutes les ſublimations des métaux, quand elles ſont bien faites, ſont d'un rouge de ſang* ; il en donne pour raiſon que *c'eſt leur mercure, dont la matiere onctueuſe eſt chargée de la couleur*. Il ajoûte que *la terre viſqueuſe qui eſt dans les métaux peut être comparée à de la laine ou à de la ſoie, dont l'une prend une couleur & l'autre en prend une autre*. Donc il faudroit conclure que la matiere onctueuſe qui eſt dans le mercure prend ſeule la couleur rouge, au lieu que la matiere viſqueuſe fait toutes ſortes de couleurs ; cela devient plus vraiſemblable, parce qu'il dit enſuite que *le mercure ſemblable à la laine blanche, eſt le plus propre à prendre la couleur rouge pure*. Il ſemble que l'on pourroit en inférer qu'il a voulu donner à entendre que le mercure prend cette couleur, qui n'est qu'apparente, par lui-même, & non par le moyen d'une substance corporelle qui le colore comme de la laine blanche, ou qui jointe avec lui présente cette couleur, ce qui est contraire à son idée, sur-tout vû qu'il s'explique au sujet du mercure coulant à la page 227, lorsqu'il dit que *la terre visqueuse propre au mercure, ou sa terre subtile, produit sa couleur rouge.* Il est certain que ce n'est point là son sentiment, & je vais citer exactement ses propres paroles. Il dit donc plus loin, *si l'on veut séparer cette couleur rouge du mercure, il faudra lui rendre la vie.* Il ajoûte sur le champ que *l'acide le tient lié, & que le FRIGIDUM a exalté sa propre couleur;* sur quoi je demande, pourquoi ne pourroit-on point en séparer cet acide & ce *frigidum*? Il en donne la raison, *c'est que par ce moyen* il ne seroit plus un mercure vif, (*Mercurius vivus:*) soit, dira-t-on; cependant il a encore au dedans de lui-même sa rougeur, que l'on recherche avec tant d'empressement pour parvenir à la perfection si vantée. Et quand même cette couleur ne seroit plus d'un si beau rouge, ce ne seroit qu'un jeu de la nature opéré par le *frigidum*; que l'*acidum* auroit dû avoir repoussé depuis long-tems ; & c'est avec raison, puisque l'*acidum* lui ayant été arraché par une terre qui manquoit de sel, le *frigidum* a dû rester d'autant plus avec lui, vû que le *frigidum* n'a point d'analogie avec les terres ; & outre cela, comme le *frigidum* repousse l'*acidum*, il n'a pas pû l'entraîner avec lui dans la terre. Mais Kunckel rend la chose encore plus difficile, lorsqu'il dit, page 201, que cet *acidum* ou le sel ne peut plus par aucun moyen être rejoint avec la terre ; mais qu'est-ce que cette terre ? plus haut c'étoit le *frigidum*. Il faut donc en conclure qu'il est impossible de séparer cette couleur rouge du mercure, & de la faire voir comme une substance existante par elle-même. Quand il seroit vrai que cette couleur ne puisse pas être séparée du mercure, il resteroit encore à demander si un tel mercure tiré des métaux n'a pas davantage sur le mercure commun. Kunckel répond affirmativement, & il prétend même qu'un mercure tiré d'un métal a de l'avantage sur celui qui est tiré d'un autre. Si on demande en quoi ? Cela vient, dit-il, de la proportion de leur terre visqueuse & d'une portion de sel. Cela ne peut rendre la question plus claire; car qu'est-ce que la terre visqueuse & le sel ont affaire-là ? il faudroit plutôt que cette terre en fût séparée pour que le principe fût pur & uniforme. Il réplique que non, & il dit que la séparation est faite parfaitement lorsque le mercure rendu d'un rouge de sang, à l'aide de ces substances, s'est élevé. Cela signifie donc clairement, 1°. que le mercure qui est dans les métaux est de la nature du mercure coulant; 2°. Qu'il ne peut alors être réuni dans l'état d'un métal dur & surtout de l'or, sans une peine incroyable. Voyez page 201. 3°. Qu'il doit plutôt se changer en argent qu'en or. 4°. On ne nous dit point si ce mercure coulant, tiré d'un métal, peut servir à améliorer & à augmenter le poids des autres métaux. 5°. On nous dit qu'il est impossible de lui faire reprendre la couleur rouge de sang qu'il avoit avant d'avoir été vivifié.

D'un autre côté on veut, 1°. que le mercure rouge des métaux, sans être dégagé de son *acidum* & de son *frigidum*, puisse être séparé des métaux & en reste séparé. 2°. On veut que sa rougeur ne puisse point en être séparée. 3°. On prétend que dans cet état il peut se changer non-seulement en or, mais encore 4°. en d'autres métaux, qu'il améliore par les vertus étendues qu'on lui attribue. Voyez la page 196. 5°. On prétend que l'or n'a que peu de teinture. 6°. On dit aussi en plusieurs endroits que l'argent est tout rouge dans son intérieur. Voyez page 194. 7°. Cette substance tirée de l'or ne peut produire d'autre effet, que de teindre & de changer totalement en or.

On ne peut rien recueillir de toutes ces obscurités, sinon 1°. que ce qui exalte tellement la couleur du mercure des métaux, quand il a été dégagé de sa terre superflue, ne peut en être entiérement séparé, mais y reste uni avec lui, afin qu'il conserve toujours cette exaltation & cette propriété d'étendre sa couleur. 2°. Qu'il faut que cette substance y reste, afin qu'elle puisse se combiner intimement avec le sel qui a été pareillement purifié, pour produire les grands effets que l'on a lieu de s'en promettre, suivant ce qui est dit à la page 196.

On peut joindre à cela que Kunckel insinue dans quelques endroits que le sel retient une portion de cette matiere qui exalte la couleur, & que s'il en étoit entiérement privé, il deviendroit une terre morte (*terra damnata*). La chose eût été plus claire, si Kunckel avoit voulu s'expliquer d'une façon plus nette, & se servir de termes plus intelligibles, que ceux de substances *visqueuses*, de *sperma d'ame*, de teinture, comme il fait à la page 196; en cela il tombe lui-même dans la faute qu'il reproche à Van Helmont, qu'il accuse d'avoir voulu regarder l'eau comme le principe de toutes choses, tandis qu'il suppose que d'autres substances y sont contenues, & concourent à son opération. En effet, on voit que lorsque Kunckel parle du mercure & du sel des métaux, il suppose que ces principes contiennent encore autre chose, qu'on ne peut leur enlever sans les priver de leur vertu; & l'on seroit aussi en droit de lui demander pourquoi il veut qu'on regarde comme un vrai mercure celui qui contient une pareille substance, qui, même selon lui, doit nécessairement la contenir, & qui n'est point coulant, tout comme il demande pourquoi l'on donne le nom de Soufre à un Soufre qui ne brûle point.

Je ne me suis jamais proposé de contredire Kunckel, au contraire, je crois que sa pratique est aussi estimable que ſa théorie eſt peu ſatisfaiſante, & ſans vouloir me rendre ni garant, ni juge du ſuccès que l'on peut avoir dans les travaux qu'il propoſe, je penſe que ceux qui courent cette carrière lui ont de très-grandes obligations. Ses expériences tendent toutes à démontrer qu'il n'y a aucun avantage à vouloir extraire, ſéparer & obtenir ſeul ce qui donne la couleur ſuivant l'idée de quelques Auteurs, & ce qui, ſelon lui, ne fait qu'exalter cette couleur, la conſerver & l'étendre; il croit qu'on peut laiſſer en ſûreté cette ſubſtance jointe avec la partie mercurielle, & que l'on n'a point de raiſon pour en priver entiérement le ſel des métaux, puiſque ſes procédés prouvent que cette matière non-ſeulement ne nuit pas, mais eſt utile pour le but que l'on cherche. Peut-être que ceux qui ont donné une théorie différente, & qui ont prétendu prouver auſſi d'après leurs expériences, que cette matiere colorante pouvoit exiſter indépendamment du mercure & du ſel, n'ont cherché qu'à indiquer la vérité de cette théorie, comme Kunckel l'a lui-même ſoupçonné, en rendre la pratique plus difficile ou impoſſible. Peut-être auſſi que d'autres Artiſtes ont connu d'autres voies pour ſéparer du mercure cette matiere pure, & d'une façon sensible, & de la combiner de nouveau avec le mercure ou avec le sel, même en plus grande quantité, afin qu'elle colore ou teigne jusqu'à superfluité cette nouvelle combinaison ; tandis que Kunckel n'a connu d'autre méthode pour faire imbiber cette matiere, que par des calcinations réitérées & par des terres très-séches, où elle s'est perdue, de façon qu'il n'a plus été en état de la retirer.

Il est certain que les preuves que j'ai rapportées au sujet du Soufre grossier, prouvent que cette matiere colorante est en très-petite quantité, au point que dans le Soufre commun il y en a à peine une dragme sur une livre ; car dans les métaux inflammables elle produit un effet très-opposé, puisque leurs chaux deviennent plus pesantes, & redeviennent plus légeres par son addition ; & pour que l'on n'imagine point que ces chaux perdent quelque chose dans la réduction, comme Kunckel semble l'insinuer, on n'aura qu'à les faire rougir pour en dégager ce principe, & l'on trouvera ce qui restera plus pesant. Je ne déciderai point comment Kunckel accordera ce qu'il dit avec ce qu'il a dit dans ses premieres observations, d'une matiere volatile-fluide, dont il dit n'avoir obtenu qu'une très-petite quantité, au point de n'avoir tiré que deux dragmes de six onces d'or; matière qu'il a rejoint de nouveau avec l'autre partie, & dont par ce moyen il prétend avoir fait une teinture.

Je ne vois pas non plus comment Kunckel a pû décider si positivement que cette matière ne pouvoit point être séparée du mercûre, puisqu'il avoue en tant d'endroits qu'il n'a obtenu les mercures des métaux, qu'en une quantité infiniment petite. Au reste, tous ceux qui cherchent ces sortes de secrets ont bien des obligations à l'Auteur de l'*Alchymia denudata*, de leur avoir indiqué si clairement la maniere de faire les mercures rouges, tandis que Kunckel en a fait mystère en parlant de son mercure sublimé rouge. Au reste, il me semble que les expériences de l'*Alchymia denudata* peuvent servir à jetter du jour sur celles de Kunckel; ce qûe je dis, non dans la vûe d'exciter personne à entreprendre des travaux, pour lesquels je ne me suis moi-même jamais senti beaucoup de goût; si cependant quelqu'un veut s'y livrer, je lui conseille de travailler plutôt en petit qu'en grand à ces sortes d'expériences.

J'ajouterai encore une réflexion que je crois d'autant plus nécessaire, que faute de l'avoir faite, Kunckel nous apprend lui-même s'être trompé. Je ne vois point que les plus accrédités de ceux qui ont soutenu l'existence du Soufre fixe des métaux, ayent prétendu que ce fût une substance fixe au feu par elle-même, & par conséquent qu'elle fût fixe dans un sens grossier, ils ont seulement voulu dire qu'elle étoit incombustible, c'est-à dire, qu'elle ne se brûloit & ne se décomposoit point dans le feu comme le Soufre ordinaire : c'est pourquoi ils nous disent que non-seulement on peut la combiner avec les autres principes après qu'ils ont été purifiés, mais encore qu'elle leur donne une fixité parfaite ; cela est si vrai, que Kunckel lui-même, dans son procédé de la décomposition de l'or, dit que le principe salin se trouve dans la matiere blanche ou laiteuse qui monte à la distillation, quoique, suivant ses observations, il eût dû être rendu fixe par la partie rouge. Je n'en dirai pas davantage, de peur d'engager personne dans les travaux difficiles & dispendieux, & qu'il ne faut point entreprendre à moins d'être très-instruit, & je crois que Kunckel lui-même n'a point entendu son procédé de la décompoſition de l'or.

Quoiqu'il en ſoit de toutes ces prétentions, il paroît que ce que les Alchymiſtes ont voulu nous faire entendre par beaucoup de détours, c'eſt que leur matiere colorante ou la teinture qui donne la couleur d'or eſt en très-petite quantité, mais eſt très-étendue dans ſes effets, tant dans l'or même que dans les autres métaux, lorſqu'ils ſont convertis en or. Quelques-uns prétendent que cette matiere colorante pouvoit être tirée des autres métaux & ſur-tout de l'or, où elle eſt dégagée de toute matiere étrangère, & qu'enſuite elle pouvoit être portée de nouveau dans d'autres métaux ; d'autres ont dit qu'il falloit la porter dans le mercure afin de l'*animer*, ſuivant leur façon de s'exprimer. A la bonne heure, ſi on regarde la choſe comme poſſible; mais pourquoi veut-on que cette matiere, lorſqu'elle a été portée dans un autre métal, ne puiſſe plus en être tirée & ne puiſſe plus ſervir à colorer, comme lorſqu'elle étoit dans l'or ? On pourroit croire que dans les autres métaux il peut ſe trouver déja une portion d'or véritable & métallique, qui n'eſt que rendu impur par le mélange de parties étrangères, que l'on peut en dégager au moyen des secours nécessaires, & qu'alors l'or se montre dans son état de perfection. C'est ce que l'Auteur du *Nucleus Alchymiæ* semble insinuer par l'exemple de l'étain, puisqu'il dit que lorsqu'on convertit l'étain en or, il y a une grande partie de ce métal qui se consume & se dissipe en fumée.

Mais qu'on en pense ce qu'on voudra, l'extensibilité que l'on attribue à cette teinture excéde les bornes de l'entendement, & l'on ne peut lire avec patience ce que dit l'Auteur de l'ouvrage que je viens de citer, qui prétend qu'un grain de cette teinture merveilleuse est capable de transmuer ou de convertir en or trois cens millions de grains d'un métal imparfait.

Sans nous arrêter à de pareilles impostures, il semble que la chose doit être entendue de la maniére qui a été dite; & que le plus grand nombre des Auteurs ont voulu insinuer que par l'addition d'une petite quantité de cette matiére parfaitement pure, on pouvoit rendre parfaitement homogéne une grande quantité d'un autre métal, le priver de ses parties étrangères, superflues, & par-là le porter à l'état de perfection.

Mais Kunckel ne dit nulle part positivement que ce ſoit dans le mercure total des métaux, ſoit de l'or, ſoit des autres métaux, que réſide la vertu de teindre; par tout il veut prouver que cette vertu eſt fortement attachée au mercure, ſans être le mercure lui-même, vû qu'elle peut, ſelon lui, en être ſéparée pour la plus grande partie, & qu'enſuite il prétend que tout l'art humain ne peut plus l'y rejoindre. Et quoiqu'il raiſonne d'après cette idée, il finit par une régle énigmatique, & dit que l'*ame pure peut demeurer conſtamment dans un corps*; c'eſt-à-dire, *que la terre teignante, ſuperflue, ou le* SPIRITUS SUBTILIS TINGENS *peut reſter avec le mercure*. Et il dit que cette matiere onctueuſe peut bien être ce que d'autres appellent le *Soufre fixe*. Il paroît que cette diſpute de mots n'eſt fondée que ſur des idées de pure ſpéculation, & qu'au fond Kunckel ne diſconvient point qu'il n'y ait une ſubſtance corporelle qui fait la teinture, ou le *ſpiritus tingens*, & qui, quoique attaché avec le mercure, n'eſt point le mercure lui-même. En ſuppoſant que le fond de la choſe ſoit vrai, Kunckel a toujours rendu un grand ſervice aux Partiſans de l'Alchymie pour la pratique, en leur apprenant qu'il eſt preſque impoſſible de féparer cette fubftance parfaitement pure, & que cette féparation n'eft point néceffaire pour le fuccès que l'on fe propofe, & qu'on peut fans crainte la laiffer jointe au mercure. Quoiqu'il en foit de ces prétentions, ce que dit Kunckel contredit & renverfe fon affertion, lorfqu'il nie l'exiftence d'une fubftance particuliere propre à teindre; & l'on pourroit lui prouver qu'il fe contredit, lorfqu'il prétend qu'on ne doit point appeller cette fubftance un *Soufre*, puifqu'il dit au même endroit que cette couleur rouge, que l'on pourroit féparer du mercure, *eft compofée d'un fel accide qui le tient lié, d'un fel* FRIGIDUM *qui exalte fa couleur, & d'une terre qu'il a entraînée en fe fublimant*, puifqu'il a dit auparavant que le Soufre eft compofé de ce même double fel & de terre à proportion; ainfi, felon lui-même, il y a un Soufre dans ce mercure, favoir un *fal acidum*, un *fal frigidum* & une terre proportionnelle.

Mais en voilà affez fur cette inutile difpute de mots, & fur le principe fulfureux & colorant que l'on prétend fi extenfible, fi pénétrant, propre à lier, à combiner & à repouffer les fubftances étrangères. En rapportant ces chofes, je le répéte encore, mon deffein n'eft point de ſurprendre la crédulité de perſonne; ni d'inſinuer la poſſibilité des eſpérances Alchymiques, j'ai ſeulement voulu rappeller au Lecteur des vérités déja connues, & faire voir les ſentimens des Auteurs ſur l'opération ſi embrouillée de la tranſmutation des métaux, que quelques-uns fondent ſur ce qu'ils appellent *Soufre fixe*; dénomination que Kunckel ne veut point admettre, quoiqu'au fond, ſous un nom différent, il entende préciſément la même choſe.

Avant que de ceſſer de parler de la ſubſtance ſulfureuſe, j'ai encore quelque choſe à dire ſur le fondement de l'opération de la liquation du cuivre, quoique j'en aye déja parlé dans ma Diſſertation ſur la Métallurgie; ce que j'en ai dit eſt fort abrégé, & ne paroîtra peut-être pas aſſez intelligible à tout le monde; je crois donc qu'il n'y aura point de mal à traiter de nouveau ce même ſujet.

Il faut d'abord remarquer que quoique le Soufre commun attaque & pénétre toutes les ſubſtances métalliques & ſe combine avec elles, comme je l'ai déja fait voir au ſujet de l'or, il opére cependant de trois façons différentes. 1°. Il y a des métaux qu'il attaque plus promptement que d'autres; 2°. il leur fait prendre des formes différentes; 3°. il se dégage des uns plus facilement que des autres.

Quant au premier point, il attaque très-promptement & avec peu de différence le fer, le cuivre, le plomb, l'étain, le mercure & l'argent; cependant on pourroit observer qu'il les attaque suivant l'ordre où je viens de rapporter ces métaux, & il agit sur le régule d'antimoine, le bismuth & le zinc, immédiatement après l'étain: Quant à l'or il ne l'attaque qu'après qu'il a été assez fortement rougi, & il ne le fait que lorsqu'il est retenu par le sel alcali.

La seconde différence consiste en ce que le Soufre combiné avec le plomb, le bismuth, le régule d'antimoine, l'étain & le zinc, les rend d'un tissu strié ou par aiguilles, les noircit & les met dans l'état de mine; au lieu qu'il rend l'argent uni, luisant & cassant; il rend le cuivre rouge lisse, cassant comme le cuivre noir, quand le Soufre n'y est point trop abondant, & quand il y est en trop grande quantité, il le rend noir comme dans la matte de cuivre. Si on mêle le Soufre avec du fil de fer, ou avec des petites lames de fer, ou avec de la limaille récente, & qu'on le fasse fondre doucement, en le portant peu-à-peu dans un creuſet rougi foiblement, & qu'on le retire auſſi-tôt que le creuſet a été entiérement rougi, il forme avec le fer une ſubſtance noire & caſſante. Mais ſi on remplit un creuſet juſqu'à la moitié d'un mélange de Soufre & de limaille de fer, & qu'on l'expoſe à un feu violent, en couvrant ce creuſet avec un morceau de tuile, & lorſque le Soufre commence à brûler, ſi on fait aller le feu au moyen d'un ſoufflet, il forme une maſſe de fer aigre & caſſante ou une ſcorie. Si on met des rognures de cuivre dans un creuſet, qu'on l'empliſſe juſqu'à la moitié, & que l'on y jette des morceaux de Soufre, en faiſant marcher le ſoufflet, une portion de cuivre ſe fondra & tombera au fond du creuſet, & une portion nagera au-deſſus ſous la forme de cuivre noir. Avec le mercure le Soufre s'allume légérement & le pénétre ſur le champ: ſi on fait brûler doucement le reſte du Soufre dans un vaiſſeau découvert, & en remuant ſans ceſſe, en obſervant d'étouffer la flamme lorſqu'elle commence à prendre, le mélange ſe réduit en une poudre groſſière qui, ſi on la met à ſublimer, donne du cinabre, le Soufre ſuperflu s'attache en haut d'une couleur noire, & en dessous le sublimé est rouge. Lorsqu'on veut obtenir du cinabre d'un beau rouge, il faut faire la sublimation à un feu très-doux; lorsque la substance noire se sera élevée, on retirera ce qui restera, & on en mettra la valeur d'un quarteron, ou même d'une demi-livre dans un petit matras, que l'on placera au bain de sable dans un creuset, de maniere qu'il n'y ait pas plus d'un pouce de sable autour du matras; on donnera un feu doux jusqu'à ce que le mélange commence à se sublimer, alors on donnera brusquement un feu violent, & par ce moyen le cinabre se sublimera d'un très-beau rouge. Quelquefois en faisant cette expérience avec un quarteron, j'ai donné un feu assez vif pour faire que le matras de verre commençât à s'affaisser. On voit donc que c'est mal-à-propos que l'on a dit qu'il ne falloit point donner un feu trop vif, de peur de brûler le cinabre & de le rendre noir, puisque la chaleur vive contribue, au contraire, à sa belle couleur, & le noir ne vient que du Soufre qui y est en trop grande quantite, ou même cette couleur vient de l'antimoine qui s'est élevé en même-tems, lorsqu'on fait ce qu'on nomme le cinabre d'antimoine.

Il y a plus de trente-six ans que je me suis assûré de cette vérité ; pour cet effet j'ai mêlé deux onces de mercure avec une demi-once de Soufre ; j'ai mis ce mélange dans une phiole qui pouvoit avoir trois pouces de diamétre, que j'entourai de sable jusqu'à un doigt de distance au-dessous du col ; comme le creuset n'étoit point trop enfoncé dans les charbons, le cinabre s'élevoit jusqu'à la hauteur de deux pouces dans le col de la phiole, & le reste ne montoit pas beaucoup au-dessus de la partie couverte de sable. Lorsqu'on écarte un peu le sable, on voit jusqu'au fond de la phiole si tout s'est élevé, s'il n'y est rien resté. Après avoir retiré la phiole, je vis que le Soufre superflu s'étoit élevé dans le col de la phiole ; au-dessus il y avoit un peu de cinabre noir, & plus bas il étoit d'un très-beau rouge ; au milieu étoit une ouverture de la grosseur d'un tuyau de paille, dans laquelle on voyoit qu'une portion du Soufre, qui s'étoit attaché en haut, étoit retombée ; il étoit jaune & semblable à du Soufre fondu.

Puisque j'ai parlé du cinabre à qui on donne le nom de *Cinabre d'antimoine*, je ne puis m'empêcher de parler des défauts où l'on tombe en faisant cette opération.

ration. On dit ordinairement que pour cela il faut prendre deux parties de sublimé & une partie d'antimoine : si l'on ne pousse point trop le feu on obtient le beurre d'antimoine ; mais de quelque façon qu'on s'y prenne, le reste ne donne qu'une petite quantité de cinabre qui est noirâtre ; le résidu demeure au fond du vaisseau sous la forme de petites aiguilles, sur quoi l'on peut voir le trait que j'ai rapporté dans mon *Specimen Becherianum*, page 196, d'un Artiste qui comptoit avoir ainsi, sans grande peine, obtenu le mercure de l'antimoine. Si on triture ce résidu & qu'on le remette de nouveau à distiller avec deux parties de mercure sublimé, on obtiendra encore du beurre d'antimoine. En pressant ce qui sera resté, & en le sublimant à un feu violent dans une rétorte ou dans un matras, on aura du cinabre tout pur, ou tout au plus l'on aura une petite portion de mercure doux, jaune, qu'il est bon d'examiner. Toute l'erreur vient de ce que l'on ne fait point attention à la quantité de Soufre qui est nécessaire pour faire un bon cinabre ; il en faut pour cela un septiéme ou un huitiéme, & l'on ne considere point que l'antimoine crud contient la moitié de son poids de Soufre

Puiſque le mercure ſublimé ne contient pas toujours la même quantité d'acide, il ſuffira, pour l'ordinaire, de joindre une partie d'antimoine contre quatre parties de ſublimé. Ce qui a pû induire en erreur, c'eſt qu'il n'y a d'abord qu'une petite portion d'antimoine qui, par la trituration avec le ſublimé, prenne la conſiſtance d'une bouillie; il faut donc commencer par mettre l'antimoine pulvériſé dans une rétorte d'une grandeur médiocre, l'on y mettra enſuite le ſublimé & on les mêlera parfaitement, en ſecouant le vaiſſeau, ou bien on diſtillera deux fois de la maniere qui a été dite précédemment. En effet, on voit clairement que l'antimoine ne contient que du régule & du Soufre; le régule uni avec l'acide du ſublimé, s'éleve d'abord ſous la forme d'un beurre, & enſuite le Soufre s'unit avec le mercure qui a été dégagé de l'acide & forme du cinabre; ainſi, par ce moyen, tout l'antimoine ſe change en beurre, ou du moins donne trois fois plus de cinabre que l'on n'en obtient par le procédé ordinaire: de plus, ce cinabre eſt pur & d'un rouge auſſi beau que celui qu'on nomme cinabre *artificiel*, & qui ſe fait ſimplement avec du Soufre & du mercure.

Une autre question que l'on pourroit encore faire sur le beurre d'antimoine, c'est s'il contient quelque chose d'arsénical; mais elle n'est point de notre sujet.

Pour en revenir à l'objet que nous voulons examiner, la troisiéme différence du Soufre avec les métaux, consiste dans le plus ou le moins de facilité qu'il y a à l'en dégager. Ce dégagement peut être considéré sous deux points de vûe; le premier, est lorsqu'il s'en dégage sans le secours d'autres métaux; le second, est lorsqu'il s'en dégage par le moyen d'autres métaux.

La séparation du Soufre se fait sans l'aide d'autres métaux; 1°. ou par le feu tout seul; 2°. ou par le moyen des alcalis, ou de la chaux, ou de quelque autre substance, ou intermède non métallique, propre à s'unir avec le Soufre & à le retenir, ou par le moyen des dissolvans propres à chaque métal.

Par le feu seul le Soufre ne peut être séparé d'aucun métal sans le concours de l'air, & par conséquent sans une inflammation & une dissolution de ses parties intimes; sans cela le Soufre y reste, ou à la fin sa partie inflammable se dégage, sur quoi il y a pourtant encore quelque chose à observer, & sa partie saline reste avec le métal; c'est ce que prouve la préparation du vitriol, tant martial que cuivreux, indiqué par Kunckel dans ses *Observations*, ainsi que dans son *Laboratoire chymique*.

A feu ouvert, avec le concours de l'air, c'est l'or dont le Soufre se dégage avec le plus de facilité; il quitte aussi l'argent à un feu modéré, ainsi que le bismuth; il quitte le mercure presque aussi aisément que l'or, mais il se dégage beaucoup plus difficilement de l'étain & du régule d'antimoine. Il n'y a que sa partie inflammable qui se sépare du fer & du cuivre, mais sa partie acide reste fortement unie avec ces métaux. Pareillement il ne se sépare point du plomb, jusqu'à ce qu'il soit réduit en chaux ou en une cendre.

Quand on le joint avec le nitre, il se dégage promptement de tous les métaux & se consume, & le nitre consume pareillement le phlogistique de tous les autres métaux, à l'exception de l'or, de l'argent & du mercure. J'ai déja fait voir plus haut, par cette inflammation du nitre, que le Soufre est uni tout entier avec l'argent, contre le sentiment de Kunckel.

Au moyen des dissolvans acides le Soufre est séparé des métaux; on n'a pour cela qu'à verser de l'eau-forte, de l'eau-régale, de l'huile de vitriol ou de l'esprit de sel, sur du fer ou du cuivre chargés de Soufre; ces dissolvans attaquent la partie métallique & ne touchent point au Soufre. C'est ce que Becher avoit déja observé, & l'on peut voir à ce sujet une remarque que j'ai mise à la page 211 de mon *Specimen Beccherianum*; mais j'ai fait voir que cet Auteur s'est trompé, lorsqu'il a cru que l'eau-forte n'attaquoit plus le fer qui est dans les scories du régule d'antimoine martial.

On sait la maniere dont l'acide concentré, qui est dans le mercure sublimé, agit sur le régule d'antimoine; une bonne eau régale produit le même effet, aussi-bien que l'huile de vitriol. L'eau-forte n'agit point sur l'argent sulfuré, mais le sublimé l'attaque quand on l'applique d'une maniere convenable.

Les alcalis rendus caustiques dégagent aussi le Soufre en grande partie, mais ils ne le dégagent point entiérement par l'ébullition, & encore moins par la fusion; ces alcalis dissolvent une portion du métal, sur-tout de l'antimoine, du plomb, de l'étain, du cuivre même par l'ébullition.

Les huiles tirées par expression agissent aussi sur le Soufre, mais foiblement, & ces opérations sont fastidieuses & peu nettes.

Ce qui mérite d'être remarqué, c'est la préférence que le Soufre marque pour attaquer quelques métaux, plutôt que d'autres; c'est ce que prouvent les expéces suivantes.

Si on distille dans une cornue six onces de cinabre avec deux onces de régule d'antimoine, le mercure coulant passe, & le Soufre se combine avec le régule & forme de l'antimoine crud. Si on prend trois parties de cet antimoine, & si on le fait fondre avec deux parties d'argent dans un creuset couvert, l'argent se chargera du Soufre & formera une scorie; cependant il y aura une portion de l'argent qui se joindra au régule. Si on fait fondre cette scorie d'argent avec partie égale de plomb dans un creuset couvert, l'argent avec un peu de plomb, tombera au fond, & il se formera au-dessus une scorie formée de plomb & de Soufre. Si on fait fondre deux parties de cette scorie de plomb avec une partie de cuivre, le plomb tombera au fond du creuſet, & il ſe formera au-deſſus une ſcorie cuivreuſe. En faiſant fondre deux parties de cette ſcorie avec une partie de régule d'antimoine, ou avec une partie de fer, le cuivre ne tombera au fond avec le régule que l'on y a joint, que parce que le cuivre ſe fond très-difficilement, & il y aura au-deſſus une ſcorie ferrugineuſe. En pulvériſant cette ſcorie, & en verſant de l'eau-forte par-deſſus, le fer ſe diſſoudra & le Souffre tombera au fond; il eſt vrai que ce Soufre ſera noir, mais en le ſublimant on aura des fleurs de Soufre d'un beau jaune.

Ces experiences prouvent que le Soufre quitte un métal pour s'unir avec un autre, ce qui peut fournir des moyens de purifier les métaux dans le travail, en grand & non dans les eſſais, ou bien cela fournit un moyen de les rapprocher, ou de les concentrer, lorſqu'ils ſont trop chargés de Soufre; ſur quoi je pourrois propoſer des manipulations très-avantageuſes, mais je me contenterai de recommander de s'y prendre comme il faut, & de tourner à ſon profit les difficultés qui ſembleront d'abord ſe préſenter. On pourroit s'épargner beaucoup de longues torréfactions, de fontes manquées, de déchets & de ſcorifications, ſi l'on faiſoit tourner le fer à profit, & si on le gardoit pour s'en servir de nouveau à plusieurs reprises, & si on disposoit son travail, de maniere qu'une opération ne nuisît point à un autre, mais la facilitât. Un grand nombre de mines, chargées d'antimoine, qui ne sont bonnes à rien, un grand nombre de laictiers, de pyrites, &c. pourroient être employés, soit comme des précipitans, soit pour extraire, soit pour faciliter la scorification; de plus, on eviteroit la perte du tems, & les travaux se feroient avec plus de netteté & de précision; mais comme ces manieres d'opérer sont si contraires à la routine reçue, qu'elles rencontreroient beaucoup de contradictions, & comme elles ne deviendroient praticables qu'au moyen de nouveaux arrangemens, je remets ces expériences aux recherches de la postérité.

Cependant je crois devoir prouver que c'est là-dessus qu'est fondée la liquation, ou la séparation de l'argent, qui est contenu dans un grand volume de cuivre: voici en quoi consiste cette opération. Lorsqu'on a à traiter des mines de cuivre, dont le quintal contient depuis une once, jusqu'à un marc d'argent ou plus, on les mêle ensemble, afin que les plus riches compensent le défaut des plus pauvres, sur-tout lorsque dans les mêmes mines que l'on exploite, ou dans le voisinage l'on a des mines de plomb riches, ou encore plutôt pauvres en argent, où grille les mattes de cuivre, ou toutes seules, ou avec les mattes de plomb, jusqu'à ce que le cuivre soit dans l'état de cuivre noir. Autrefois on joignoit le plomb au cuivre noir, dans le bassin où il étoit reçu au sortir du fourneau; mais aujourd'hui on abrége l'opération, on mêle le tout ensemble, & on fond la litharge & la cendrée, qu'on a joint au cuivre, tout à la fois dans le fourneau; par ce moyen l'on n'a plus besoin d'un fourneau à manche pour le plomb, & l'on ne laisse pas pour cela d'éviter la perte du plomb qui se consume. De l'une & l'autre de ces manieres, on combine assez de plomb avec le cuivre noir pour pouvoir le pénétrer, & se saisir de l'argent qui y est contenu. Ensuite dans le fourneau de liquation on lui donne un feu qui suffit pour en dégager le plomb, & le cuivre épuisé ne fait que s'affaisser, & enfin, dans le fourneau de ressuage on achéve d'en dégager le plomb qui peut encore y être resté. Il ne s'agit point ici de l'opération totale, il n'est question que d'examiner comment le plomb se charge de l'argent contenu dans le cuivre.

D'abord il faut observer que cette opération ne réussit point du tout sur le cuivre raffiné, vû que le plomb ne peut plus en être dégagé que par la coupelle, ce qui causeroit un très-grand déchet, ou en le faisant fondre de nouveau avec une matte. Or, le cuivre noir n'est autre chose qu'un cuivre chargé encore d'un assez grande quantité de Soufre : lorsqu'on joint du plomb avec du cuivre chargé de Soufre, le Soufre qui est uni avec le cuivre, ne peut point s'attacher au plomb ; mais les particules d'argent sulfuré, qui sont contenues dans ce cuivre chargé de Soufre, venant à rencontrer les particules du plomb, le Soufre qu'elles contiennent s'unit au plomb, & l'argent dégagé se combine avec le reste du plomb.

Quels raisonnemens n'a-t-on pas fait pour expliquer cette opération, dont l'étiologie est si simple ? On pourra en juger par ce que dit l'Auteur de la nouvelle méthode, pour faire la liquation, qui explique ce phénomène par l'analogie qui se trouve entre le *mercure froid* du plomb, & le *mercure froid* de l'argent, qui par une vertu magnétique attire l'argent du cuivre, qui est chaud, & qui par conséquent est d'une nature contraire. Pour s'assûrer de la nature de cette opération, on n'aura qu'à faire fondre ensemble une certaine quantité d'argent avec du cuivre ; on y joindra assez de Soufre pour que le cuivre devienne semblable à du cuivre noir, & même pour le rendre plus noir. On fera fondre ensuite ce mêlange à grand feu, avec poids égal de plomb, dans un creuset couvert, dont le fond soit plat, & l'on tiendra le tout assez longtems en fusion. On laissera réfroidir le creuset ; on ôtera la scorie ; on prendra une portion du plomb pour en faire l'essai, & l'on fera pareillement un essai de la scorie, c'est-à-dire, du cuivre noir, pour servir de comparaison.

Ou bien on n'aura qu'à faire fondre un peu d'argent avec une grande quantité de cuivre, & avec autant qu'on voudra de plomb ; on y joindra de Soufre les trois quarts du poids de cuivre, après quoi on fondra brusquement. On peut aussi faire fondre ensemble deux parties de plomb, contre une partie de cuivre ; on y joindra du Soufre, & l'on fera fondre le tout.

Cette opération sera aisée à comprendre, si on la compare à celle par laquelle on fait de l'antimoine crud, en joignant peu à peu du Soufre avec du régule. On peut aussi épargner beaucoup de tems & de peine en se servant de ce procédé, pour purifier promptement une assez grande quantité d'argent ; car quoiqu'on ne puisse point prétendre de retrouver parfaitement ses quantités, suivant l'exactitude de la balance d'essai, il faudroit que l'opération eût été bien mal faite, s'il se perdoit quelque chose, & même on peut éviter de perdre du cuivre. Mais l'on sent aisément que ces sortes d'opérations ne doivent point être faites par des ignorans, ou des gens sans expérience, & qu'elles exigent plus de réflexions que l'on n'imagine communément.

On voit dans l'ouvrage de Schindler, sur les Essais, la maniere dont dans quelques endroits de la Saxe, on mêle des pyrites peu chargées de métal, pour les travaux de la métallurgie ; sur quoi il y a quelques observations à faire, sur-tout sur la façon dont les mattes retiennent l'argent ; sur la maniere dont on traite ces mattes, pour qu'une opération facilite l'autre, ce qui demanderoit des recherches & des réflexions ultérieures ; il est certain que ces travaux sont susceptibles d'être perfectionnés. Il y a déja plusieurs années que M. Zumbe, Inspecteur des

Fonderies d'Andreasberg, a introduit une maniere de passer les mattes à la coupelle, ce qui a très-bien réussi, comme cela devoit arriver naturellement; & si le succès n'est point le même, il faudra s'en prendre à la façon dont on aura opéré. M. Schlutter, Inspecteur des Fonderies à Goslar, a aussi établi un fourneau de coupelle, dans lequel on ne se sert que d'un feu de bois, & qui peut être très-propre aux travaux dont nous parlons. En suivant cette méthode on épargne beaucoup de bois, & l'on se met à l'abri d'un grand nombre d'inconvéniens, qui accompagnent la méthode ordinaire.

Je ne m'arrêterai point à parler ici des avantages qu'il y auroit à rectifier ces sortes de travaux; je me contenterai de dire qu'en s'y prenant convenablement, on épargneroit un tems infini & beaucoup de chauffage, pour le grillage des mattes, aussi-bien que pour la liquation; mais ces améliorations seront impraticables, tant que les Ouvriers des Fonderies s'entêteront des anciennes méthodes, & ne voudront jamais s'en écarter.

Avant que de terminer ces considérations sur le Soufre, je me rappelle encore une expérience de M. Homberg, qui est rapportée en détail dans les Mémoires de l'Académie Royale des Sciences de Paris, de l'année 1703, page 41, comme il y joint un grand nombre de réflexions, auxquelles je ne crois point devoir souscrire, il ne sera peut-être pas inutile d'examiner la chose avec attention. Je commencerai par rapporter l'expérience ; & ensuite, d'après d'autres expériences, je ferai voir ce que l'on doit attribuer au Soufre. Voici son procédé.

» Mettez dans un matras, qui contienne environ deux pintes, quatre onces de fleurs de Soufre, versez dessus une livre d'huile distillée de fenouil ou de thérébentine : laissez-les en digestion pendant huit jours : l'huile dissoudra tout le Soufre & deviendra d'une couleur rouge, très-foncée. Laissez réfroidir le vaisseau, & vous y trouverez environ les trois quarts de votre Soufre cristallisé en aiguilles : décantez la teinture que vous garderez à part ; versez encore une livre de la même huile sur vos crystaux, procédez comme ci-dessus jusqu'à ce que toutes les fleurs du Soufre restent dissoutes dans l'huile réfroidie. Mettez vos dissolutions ou teintures de Soufre dans une cornue de verre assez grande, car la matiere se gonfle à la fin, & distillez à très-petit feu en 12

» ou 15 jours & nuits, il en sortira les
» deux tiers environ de l'huile de thérében-
» tine sans aucune couleur, & en même-
» tems environ quatre onces d'une eau
» blanchâtre pesante, & aussi acide que
» du bon esprit de vitriol ; après quoi les
» gouttes de l'huile commenceront à dis-
» tiller rouge ; vous changerez de réci-
» pient, & vous augmenterez pour lors le
» feu par degrés, & en sept ou huit heures
» de tems vous chasserez avec un fort
» grand feu tout ce qui pourra distiller ;
» la plus grande partie de l'huile passera
» à la fin fort épaisse & fort colorée dans
» le récipient, accompagnée encore d'u-
» ne eau blanchâtre & très-acide. Il res-
» tera dans la cornue une tête morte,
» noire, spongieuse ou feuilletée, luisan-
» te & insipide, qui pesera plus de deux
» onces & demie : cette tête morte ne
» blanchit, ni ne s'enflamme, ni ne di-
» minue considérablement au grand feu.

» La matiere qui a passé dans le réci-
» pient se distillera par un très-petit feu
» pendant plusieurs jours & nuits, pour
» en séparer encore l'huile non colorée
» & le reste de l'eau acide, jusqu'à ce
» que l'huile commence à passer rouge.
» Il faut pour lors retirer la cornue du
» feu, & verser sur la matiere gommeu-

» se & noire, qui reste, une demi-livre
» de bon esprit de vin, mêler bien le tout
» ensemble, & distiller à fort petit feu;
» l'esprit de vin étant passé, vous verserez
» une demi-livre de nouvel esprit de
» vin sur la gomme noire qui reste dans
» la cornue, & distillerez comme devant;
» ce que vous répétérez jusqu'à ce que
» l'esprit-de-vin qui passe, n'ait plus de
» mauvaise odeur. Par ces distillations
» on ne fait que séparer une portion de
» l'acide, que les premieres n'avoient pû
» emporter.

Telle est l'expérience de M. Homberg; il en conclut précipitamment qu'il regarde cette matiere noire, comme la partie terreuse du Soufre, & qu'après avoir été ainsi exposée à la chaleur concentrée du Soleil, elle avoit conservé à la fin encore une once & plus de son poids. Comme cette matiere noire & fixe étoit infusible par elle-même, il l'a mêlée avec du borax; par-là elle s'est changée en un verre d'un gris brun, qui après avoir séjourné quelque-tems dans un lieu humide, s'est couvert d'un verd-de-gris, d'où l'Auteur conclut qu'il faut que le Soufre qu'il a employé contînt un peu de cuivre, quoiqu'en si petite quantité il n'a point été en état de le séparer. Il lui eût été très-ai de s'en assûrer en y versant un peu d'alcali, ou d'esprit de sel ammoniac, ce qui auroit décélé le cuivre par une couleur bleue très-sensible, sur-tout si après avoir pulvérisé cette matiere, il l'avoit laissé se moisir, & qu'il l'eût ensuite éprouvée par l'alcali volatil.

Ensuite, à la page 45, il s'efforce de rendre raison pourquoi une quantité aussi considérable que le quart du poids total de cette terre, si fixe au feu, qui ne souffre presque aucun déchet, même dans le feu le plus violent, a pû auparavant être contenu dans une substance aussi volatile que le Soufre, & il attribue la volatilité du Soufre à sa partie huileuse.

Il croit que cette partie huileuse est sur-tout contenue dans la partie résineuse d'un brun foncé, qui est restée dans la retorte, après une distillation douce de l'huile rouge ; mais comme cela ne s'accorde, ni pour le poids, ni pour la mesure, il prétend qu'il faut qu'elle ait gardé, pour véhicule seulement, autant d'huile distillée qu'il étoit besoin pour en être retenue. M. Homberg ajoûte encore à cela une idée ; savoir, que les vrais principes, le principe sulfureux, le principe salin & le principe mercuriel, ne peuvent jamais être obtenus parfaitement purs, ni être rendus sensibles, à moins qu'ils n'ayent été saisis & retenus par une autre matiere, soit aqueuse, soit terreuse, soit mercurielle.

Quoique cette derniere idée ne soit pas sans fondement, cependant elle ne prouve rien en faveur du sentiment de M. Homberg, qui croit que le principe qui rend le Soufre entier si volatil, & qui est une terre si fixe au feu, n'est qu'une huile ou une matiere huileuse. En effet, il est impossible de concevoir que le principe huileux qu'il établit & qu'il regarde comme le *Soufre du Soufre commun*, puisse par sa jonction rendre si volatiles, tant l'acide que la partie fixe, puisque lorsqu'il est uni avec beaucoup d'autres huiles très-volatiles, il peut à peine être élevé par une chaleur moins forte, que celle qui, selon lui, a pû entraîner avec elle une terre si fixe, & un acide si pesant.

Il ajoûte qu'il est vraisemblable que cette partie qu'il regarde comme huileuse, ne fait pas au-delà du quart, ou tout au plus du tiers de la combinaison totale du Soufre, ce qui rend la difficulté qui a été proposée encore plus considérable, & l'on pourra demander comment un tiers d'une substance si peu volatile, peut rendre si volatiles deux autres tiers, dont l'un est très-peu volatile.

Avant que de donner mes propres conjectures là-dessus, je crois devoir encore rapporter deux observations, qui jetteront du jour sur une question si embrouillée. La premiere est assez connue de tout le monde; quant à la seconde, je ne sais pas si personne, à l'exception de Kunckel, en a parlé.

1°. Si on verse de l'esprit de nitre bien déphlegmé, en petite quantité à la fois, sur de l'huile essentielle de thérébentine, dans un vaisseau large & profond, exposé à une chaleur médiocre, le mêlange fait une effervescence considérable; tant que la chaleur dure il est verd, mais après avoir été refroidi, il devient d'un rouge jaunâtre, & d'une consistance ténace, comme celle de la thérébentine, ou d'une résine. La matiere devient encore plus épaisse lorsqu'on y a joint de bonne huile de vitriol, mais il faut pour cela plus de tems & procéder avec les précautions convenables. Si on distille longtems cette matiere résineuse au bain-marie, pour en dégager l'huile volatile & essentielle, superflue, il restera une matiere résineuse très-tenace; & si on s'est servi de l'huile de vitriol, cette matiere sera noirâtre & dure comme de la poix. Si on distille cette matiere & sur-tout la derniere, dans une cornue, on aura une huile brune ou rougeâtre, épaisse, avec une petite portion d'une liqueur acide, cependant mêlée d'un peu de substance huileuse.

2°. Cette matiere résineuse, sur-tout celle qui a été faite avec l'huile de vitriol, laisse après la distillation une matiere charboneuse noire, luisante, incombustible & infusible, ou un *Caput mortuum*, semblable à celui que M. Homberg a obtenu du Soufre. Kunckel a remarqué une matiere semblable, qui s'étoit formée dans l'esprit ardent, très-fort & encore huileux, quoiqu'en beaucoup moindre quantité, à l'aide d'une longue digestion.

De l'expérience de M. Homberg, il résulte visiblement un avantage, c'est qu'une grande partie de l'acide du Soufre est dégagé & mis en liberté. Il observe aussi à la page 44, que l'on sera peut-être surpris que l'on obtienne une si grande quantité de substance aqueuse dans ces distillations, vû que l'on n'a point lieu de présumer que le Soufre contienne tant d'eau; ainsi il reconnoît lui-même que la plus grande partie des huiles distillées est de l'eau, qui a dû servir de véhicule à l'acide du Soufre, & qui l'a fait passer à la distillation, sous la forme d'une liqueur aqueuse.

Mais quoique l'on doive rendre justice à l'exactitude des travaux de M. Homberg, ce Sçavant n'en a pas tiré des conséquences justes; en effet, il auroit dû conclure que l'huile essentielle ne pouvoit point laisser aller la partie aqueuse avec laquelle elle est combinée, sur-tout dans une quantité si considérable, sans se séparer pareillement & principalement de sa partie inflammable qui, combinée avec la partie aqueuse, forme la combinaison de l'huile qui est si volatile; ainsi il auroit dû demander où cette partie étoit restée, & ce qui, dans les circonstances & les phénomènes qu'il rapporte, pouvoit être attribué à cette partie séparée de l'huile; l'expérience qui a été rapportée de ces huiles mêlées avec l'huile de vitriol, eût été en état de l'éclaircir sur ce point.

Ainsi l'explication de cette expérience consiste à dire, que par la longue digestion, qui réussit d'autant mieux qu'elle est plus longtems continuée, la partie inflammable du Soufre est amolie peu-à-peu par celle qui est pareillement contenue dans l'huile; & que de plus par la longueur du tems, & par une vraie fermentation d'une espéce particuliere, la partie aqueuse du Soufre, qui est intimement combinée avec l'air, est détachée de son acide, & séparée de maniere qu'il est mis dans l'état d'une terre fixe, & dont on ne peut presque point venir à bout. Ce qui rend cette explication plus vraisemblable, c'est qu'on a le même produit lorsqu'on mêle l'acide vitriolique avec ces mêmes huiles, d'où l'on voit que l'on ne doit point regarder cette substance terreuse, comme ayant été contenue dans le Soufre sous cette forme, quoiqu'elle ait été contenue dans le Soufre dans l'état d'un acide concentré, & qu'elle n'ait été mise dans l'état d'une terre que par la décomposition intime de cet acide.

Je ne prétends point refuser aux travaux de M. Homberg la justice qui leur est dûe; élevé dans la Pharmacie, on ne peut nier qu'il n'ait sçû opérer; mais il seroit à souhaiter qu'il ne se fût pas si fort pressé d'en tirer des conséquences. On jugera si l'expérience que j'ai publiée il y a neuf ans, pour faire promptement du Soufre & pour le décomposer avec la plus grande facilité, est exposée à autant de difficultés; & si on pouvoit ou on vouloit la faire avec exactitude, & en évitant le moindre déchec, on s'appercevroit clairement combien l'expérience de M. Homberg, que je viens d'examiner, est loin de la nature de la chose; & l'on verroit que, contre le sentiment de Kunckel, il n'y a point dans le Soufre un atôme de vraie substance terreuse, que sa partie inflammable est en si petite quantité, qu'on auroit peine à le croire, & que son poids total n'est presque autre chose que de l'acide.

Si l'on fait attention à une autre ancienne expérience, à laquelle on n'a jamais assez réfléchi, qui consiste à décomposer en un instant les huiles les plus volatiles, à dégager leur partie inflammable de son eau, & de se servir de la suie qui résulte, soit pour faire du Soufre, soit pour réduire des métaux, on verroit que toutes ces expériences & ces recherches embrouillées, ne sont guères propres à éclaircir la matiere dont il s'agit.

Je ne ferai plus qu'une remarque sur l'expérience de M. Homberg. Il s'est servi du sel de tartre pour démontrer la quantité d'acide qui étoit contenue dans le Soufre, ce qui est encore sujet à plus de doutes & de difficultés, que si on l'avoit saturé avec du fer, qu'on l'eût séché doucement & qu'ensuite on l'eût pésé, vû que la combinaison la plus saturée de l'acide du Soufre, ou de l'acide vitriolique avec le sel de tartre le plus sec, peut souffrir du déchec, si l'évaporation ne s'en fait très-doucement; en effet, en faisant dissoudre & évaporer fortement, à plusieurs reprises, un sel concret ainsi combiné, on peut parvenir à le dissiper & à le faire disparoître.

Mais dans l'expérience qui a été rapportée, si après avoir fait passer à la distillation l'huile blanche, légère, & en avoir séparé la liqueur acide, on reverse cette huile de nouveau sur le résidu; on remet le tout en digestion, & on distille de nouveau, en réitérant plusieurs fois la même chose. Avant que d'employer un feu violent, on trouvera beucoup de différence dans la terre noire qui se formera, & encore plus, si après avoir fait passer à la distillation l'huile la plus ténue, on verse de l'eau pure sur la matiere plus épaisse, & qui commence à devenir jaune, & si on fait bouillir jusqu'à ce que la plus grande partie de l'eau soit passée à la distillation, que l'on pourra pareillement employer dans la même opération, & à la fin on la distillera au bain-marie, jusqu'à ce qu'on voye ce qu'il s'y est joint d'acide.

J'ai

J'ai cru qu'il seroit utile d'examiner cette expérience afin de faire voir les erreurs & les difficultés auxquelles sont souvent exposées les expériences que l'on regarde comme les plus décisives. Je crois que ce que j'ai dit suffira pour faire connoître la nature du principe sulfureux, tant dans les végétaux, les animaux, que dans les minéraux & même dans les métaux. J'aurois encore pu y ajouter quelques remarques au sujet de l'extraction de l'or des métaux sulfurés; mais je n'en parlerai point, quant à présent, & je m'en rapporterai aux expériences sensées que chacun pourra faire, tant dans le changement de la dissolution des métaux par le soufre commun, que par des sels sulfurés; & l'on verra si Kunckel a eu raison de regarder ces sels comme une chose si louable dans la Chymie, comme il le fait entendre à la page 681.

*FIN.*

# TABLE ALPHABÉTIQUE DES MATIERES

Contenues dans cet Ouvrage.

## A.

## B.

## E.

## F.

## H.

## I.

## K.

## L.

## M.

## P.

Q.



R.

## S.

## T.

## V.

*Fin de la Table des Matieres.*

www.ingramcontent.com/pod-product-compliance
Ingram Content Group UK Ltd.
Pitfield, Milton Keynes, MK11 3LW, UK
UKHW020607230726
13926UKWH00005B/2248